MAIKE BERENSTORF

DIE KRAFT DES PFLANZEN SCHAMANISMUS

DAS PRAXISBUCH

Email: info@edition-lunerion.de
www.edition-lunerion.de

Psiana eCom UG
Berumer Str. 44
26844 Jemgum

INHALT

Vorwort

Waren Sie schon immer fasziniert von dem wahren Leben um Sie herum und wollten einmal auf ganz besondere Weise mit der Natur in Kontakt treten? Vielleicht ist es sogar Ihr Herzenswunsch, die Magie, die die Natur für uns bereithält, zu erfahren und selbst einzusetzen? Naturschamanismus ist eine Möglichkeit, die Wunder unserer Erde hautnah zu erleben. Schamanen heilen und sammeln Erkenntnisse mithilfe von geistigen Wesen, anderen Welten und unsichtbaren Energien. In diesem Buch lernen Sie die Praxis der Schamanen kennen und begeben sich auf eine faszinierende Reise durch den Kosmos. Sie erfahren, welche Techniken Schamanen nutzen, um zu heilen, wie Sie in Kontakt mit der Geisterwelt treten und Ihr Leben natürlicher und friedvoller gestalten können.

Lassen Sie sich ein auf die Geheimnisse der Schamanen!

Hinweis: In diesem Buch finden Sie an verschiedenen Stellen QR-Codes, die Sie zu Audiodateien führen. Falls Sie keine Möglichkeit haben, diese zu scannen, können Sie alle Dateien auch über diesen Link finden: https://bit.ly/4earCw0

Die Mystik des Naturschamanismus

Manch einer mutmaßt beim Naturschamanismus, dass es sich hierbei um einen religiösen und exotischen Kult handelt. Dabei ist Schamanismus schon immer ein wichtiger Bestandteil menschlicher Kultur gewesen – und sogar etwas sehr Natürliches.

Schamanismus ist eine Form von spiritueller Weltanschauung, in der alles miteinander verbunden ist. Durch die Techniken der Schamanen ist es Ihnen möglich, Balance in zwischenmenschliche Beziehungen zu bringen, den eigenen Körper zur Heilung zu verhelfen und in Kontakt mit höheren Mächten zu treten. Dinge, die einem momentan vielleicht noch unmöglich erscheinen – und doch existieren. Denn die Schamanen arbeiten nicht nur mit ihrer eigenen Kraft. Sie arbeiten mit den Mächten des Universums, mit einer Welt, in der alles beseelt ist und daher auch alles hilfreich sein kann. Gehen Sie nun den ersten Schritt und betreten Sie den Weg des Schamanen.

Auf den Spuren einer uralten Tradition

Schamanismus ist ein Begriff, um den sich viele Mythen ragen. Vielleicht assoziieren Sie „Schamanismus", wie viele andere Menschen, mit den Riten amerikanischer Ureinwohner, religiösen Zeremonien, die im Dunkel der Nacht durchgeführt werden, und magischen Fähigkeiten, die die Geschicke der Natur verändern können. All diese Assoziationen sind im Prinzip bedingt richtig – jedoch ist Schamanismus gleichzeitig weniger und viel mehr als das.

Schamanismus ist eine Form von zeremonieller Praktik, die die ausführenden Schamanen in engeren Kontakt mit der Natur bringen. Der Schamane ist ein Heilkundiger und ein Weiser, entgegen der allgemeinen Darstellung ist er jedoch kein religiöser, sondern ein spiritueller Heiler.

Schamanen gibt es in fast jeder alten Kultur. Sie verfügen über ein Wissen, das anderen scheinbar verschlossen ist. Dieses Wissen befähigt sie dazu, Menschen bei der Heilung zu unterstützen oder Hellsichtigkeit zu erwerben. Praktiken, die fast allen Schamanen gleich sind, schließen die schamanische Seelenreise und Formen von Naturheilkunde ein. Der Schamanismus ist aber nicht einigen wenigen ausgewählten Menschen vorbehalten, sondern es handelt sich hierbei um eine Praxis, die grundsätzlich jeder Mensch erlernen kann. Interessanterweise gibt es diese Praxis auf jedem Kontinent der Erde in der einen oder anderen Form zu beobachten – jede auf ihre Weise besonders und doch vergleichbar.

DAS SCHAMANISCHE WELTBILD

In einer Vielzahl von Medien kommen wir heute noch mit dem Schamanismus in Kontakt. Das Bild, das in Film und Fernsehen von Schamanen gezeigt wird, ist meistens sehr verzerrt. Sie werden als religiöse Anführer dargestellt, die zwielichtige Rituale durchführen und sich nicht selten in einen Drogenrausch begeben. Dieses Bild des Schamanismus, sei es noch so oft überliefert, hat nicht viel mit der eigentlichen spirituellen Praxis der Schamanen zu tun. Zwar ist die schamanische Reise eine spirituelle, jedoch sind religiöse Anführer und Schamanen bei den meisten Urbevölkerungen streng voneinander getrennt.

Rituelle Zeremonien gehören zum Schamanismus dazu, sie sind aber zwischen den Völkern unterschiedlich und keineswegs mit Opferungen verbunden. Schließlich hat besonders die südamerikanische Urbevölkerung vielfach natürliche Mittel zur Erzeugung eines Rausches genutzt, allerdings kann ein Schamane sich völlig ohne Rauschmittel in eine schamanische Trance versetzen. Schamanismus ist keine berauschende, religiöse Praktik, sondern beinhaltet die Fähigkeit, aus der eigenen und der Kraft der Natur eine spirituelle Erfahrung zu schaffen, die einen näher in den Kontakt mit sich selbst und der Welt bringt. Man kann also sagen,

dass allen Schamanen gemein ist, dass sie eine besondere Stellung innerhalb ihrer Kultur einnehmen. Sie beschäftigen sich mit Heilkunde, mit Spiritualität und können in Trancezuständen besondere Dinge vollbringen oder erfahren. Diese Fähigkeiten sind den Schamanen auf der ganzen Welt gemein. Spezielle Praktiken, Riten, Glauben oder Zeremonien unterscheiden sich jedoch von Volk zu Volk. Umso spannender ist es, zu sehen, wie groß dennoch die Überschneidungen der Aufgaben der Schamanen weltweit sind.

Begriffsursprung

Der Begriff „Schamane“ stammt vom tungusischen Wort „šamán“. Man kann das Wort mit „der Wissende“ oder „der Sehende“ übersetzen. Wissenschaftlich gesehen gibt es keine allgemeingültige Definition des Begriffs „Schamanismus“. Am besten lässt sich der Begriff Schamanismus über die verschiedenen Gemeinsamkeiten der Schamanen definieren: Schamanismus ist eine Form von Erfahrungswissen, über das Schamanen die Fähigkeit erwerben, Menschen und deren Erkrankungen zu behandeln.

Die Ursprünge des Schamanismus findet man heutzutage noch in Sibi rien. Dort fungieren Schamanen auch in der heutigen Zeit als Heilkundige und nehmen eine Rat gebende Funktion ein. Sie unterstützen Menschen bei akuten Krisen, helfen mit ihren Trommelrhythmen, Menschen ihrer Selbstverwirklichung näherzukommen, und lösen seelische und körperliche Blockaden. Am bekanntesten sind die Schamanen der amerikanischen Ureinwohner. Oftmals verzerren die bekannten kulturellen Eigenheiten der amerikanischen Urbevölkerung jedoch das Bild der Schamanen in einer Weise, in der sie als grundlegend für den Schamanismus gesehen werden. Dies ist jedoch nicht der Fall, denn wie bereits erwähnt, wendet jede Kultur ihre eigene Form von Schamanismus an und keine ist grundsätzlich besser oder schlechter als die andere.

Schamanismus – eine Religion?

Sehr viele Menschen denken, dass Schamanismus in Verbindung mit einem animistischen Weltbild stehen muss, also der Vorstellung, dass alles in der Natur Existierende beseelt ist. Dieses Weltbild findet man häufig bei Naturreligionen. Tatsächlich gibt es schamanistische Rituale aber auch in den monotheistischen Religionen (also bei jenen Menschen, die an *einen* Gott glauben). Man kann beispielsweise in der Bibel und im Koran schamanische Züge der Propheten finden. In der jüdischen Kultur gibt es die sogenannte Kabbala, die jüdische Mystik, die ebenfalls schamanische Eigenschaften aufweist. Schamanismus ist also ein übergreifendes Konzept und kommt nicht nur in den Urbevölkerungen des amerikanischen Kontinents vor; man kann sogar sagen, dass jede Urkultur ihren eigenen Schamanismus besitzt.

Schamanismus und Kultur

Da viele Menschen unter Schamanismus nur ihr eingeschränktes Verständnis einer Naturreligion sehen, versuchen sie unter anderem, zu schamanischer Weisheit zu gelangen, indem sie die Rituale amerikanischer Ureinwohner uneingeschränkt übernehmen. Das ergibt jedoch nicht sehr viel Sinn, da Schamanismus kulturspezifisch praktiziert wird und die Rituale jeweils auf ihre Umgebung, ihre Natur, ihren Kulturkreis und die örtliche Verwurzelung zugeschnitten sind. Es ist in jedem Fall effektiver, kulturell nahe schamanische Rituale zu nutzen oder die entsprechenden Rituale an die eigene Empfindung und den eigenen Kulturkreis anzupassen. Genauso wie bestimmte Pflanzen hier ohne Unterstützung nicht wachsen können, kann auch ein schamanisches Ritual nicht losgelöst von seinem Anwendungsbereich und ohne Modifikation helfen.

Schamanisches Weltbild – Zurück zum Ursprung

Da das schamanische Weltbild von der Kultur der praktizierenden Bevölkerung beeinflusst ist, muss man sich in der Beschreibung des Schamanismus auf die überschneidenden Elemente beschränken. Diese gibt es jedoch zuhauf. Tatsächlich ist es beeindruckend, wie sehr sich die doch sehr unterschiedlichen Kulturen in ihrer Praxis des Schamanismus ähneln. Die Gemeinsamkeiten der schamanischen Arbeit umfassen die Zielsetzung der Arbeit, die Methode und die Anwendungsgebiete.

Einklang und Balance

Man kann im Allgemeinen sagen, dass in dem Weltbild der Schamanen alles miteinander in Verbindung steht. Das gilt für die Menschen und Tiere, aber auch für die Pflanzen, für möglicherweise existente Geister, für den Himmel und die Erde. Da man im Schamanismus von verschiedenen Welten oder „Teilen der Welt" spricht, fungiert der Schamane auch oft als Mittler zwischen den Welten: um Geister anzurufen, heilbringende Kraft aus den anderen Welten zu erhalten oder eben selbst auf eine schamanische Reise zwischen den Welten zu gehen. Bei der schamanischen Reise und der schamanischen Erfahrung geht es im Übrigen nicht darum, konstant mit einer der Welten in Verbindung zu treten oder mehr von dieser oder jener in sich zu tragen: Der Schamane ist vielmehr ein Meister der Balance; jemand, der Ordnung und Gleichgewicht zwischen den Welten herstellt und hält.

Trance und Rhythmen

Um die verschiedenen Welten zu erfahren und Geister aus ihnen zu kontaktieren, begeben sich Schamanen auf entsprechende Seelenreisen. Diese können in einer Art Trance erreicht werden. Wie bereits erwähnt, findet zu diesem Zweck bei einigen Urvölkern auch der Gebrauch von verschiedenen halluzinogenen Substanzen Gebrauch. Allen Schamanen ist allerdings gemeinsam, dass sie diesen Trancezustand über einen

bestimmten Rhythmus erreichen. Dieser wird vorwiegend mit Trommeln, manchmal auch mit anderen Schlaginstrumenten erzeugt.

Krankheit und Gesundheit

Je nach Kulturkreis werden auch Gesundheit und Krankheit oft im Zusammenhang mit religiösen und kulturellen Anschauungen gebracht. In der altindischen traditionellen Medizin sind Krankheiten beispielsweise ein Ausdruck von Energieflussstörungen in den sogenannten „Chakren" (Energiezentren) des jeweiligen Körpers. Übergreifend ist in der schamanischen Weltanschauung der Gedanke, dass Krankheiten durch ein Ungleichgewicht von Kräften entstehen können. Das können das Eindringen von bösen Geistern, ein fehlender Ausgleich im natürlichen Energiehaushalt oder seelische Schmerzen sein. In manchen schamanischen Praktiken helfen Schutzgeister dem Schamanen, die Gesundheit wiederherzustellen. Um den Ursprung der Krankheit zu erfahren, kann der Schamane sich in einen Trancezustand versetzen, der ihm einen näheren Einblick in die Krankheit des Menschen und deren Ursache verschafft.

Neben diesen rituellen Praktiken sind Schamanen zusätzlich Naturheilkundige, die mit ihren Kenntnissen in Pharmazie, Psychologie und Botanik Krankheiten auch auf eher konventionelle Form heilen können.

Initiation als Schamane

Jedem Menschen wohnt die Fähigkeit inne, schamanische Heilkräfte zu erwerben. Von Kulturkreis zu Kulturkreis wird diese Funktion aber auch unterschiedlich vergeben. Einige Urbevölkerungen „vererben" gewissermaßen die Schamanenfunktion, auch wenn vom jeweiligen Schamanen das entsprechende Wissen erst einmal erworben werden muss. Auch eine Erwerbung des Status ist in vielen Kulturkreisen nötig. Personen, die eine schwere Krankheit durchlebt haben, werden vom Schamanenstatus nicht ausgeschlossen. Es wird sogar als positiv angesehen, eine starke körperliche Krankheit hinter sich zu haben, da einige für den Schamanen wesentliche Lerneffekte damit einhergehen. In manchen Bevölkerungen ist

es sogar notwendig, dass der Heiler eine eigene schwere Krankheit hinter sich hat.

Schamanisches Weltbild in der Wissenschaft

Während die moderne Wissenschaft den Schamanismus teils ablehnt, gibt es durchaus viele wissenschaftliche Strömungen, die Anteile des schamanischen Weltbildes in ihre Theorien integrieren. Prominentestes Beispiel ist der Psychoanalytiker Carl Gustav Jung, seines Zeichens Schüler von Sigmund Freud, dem Begründer der modernen Tiefenpsychologie. Jung wurde 1875 in der Schweiz geboren und studierte Medizin in Basel. Er interessierte sich schon früh für paranormale Begebenheiten und den Spiritismus und brachte diese mit der menschlichen Psychologie in Verbindung. Nach einem ersten Treffen mit Sigmund Freud 1907 wandte er sich immer mehr der Psychoanalyse zu. Später wurde er der erste Präsident der Internationalen Psychoanalytischen Vereinigung. Jung beschäftigte sich in seiner Ausbildung und Profession viel mit den unterschiedlichen Heilweisen der Urvölker und erkannte, dass viele voneinander abgeschnittene Bevölkerungen ähnliche Heilpraktiken und Weltanschauungen besaßen. Fasziniert davon, fasste er die sogenannten „Urbilder" als „Archetypen" zusammen. Diese Archetypen stellen Bilder und Konzepte dar, die kulturübergreifend fast überall auf der Welt vorkommen. So hat beispielsweise jede Kultur eine Vorstellung oder eine Figur der mächtigen Mutter (z. B. Mutter Maria im Christentum, Venus in der Altsteinzeit, Amaterasu im japanischen Shintoismus). Auch Motive wie der Baum finden in fast allen Kulturen einen großen Stellenwert und haben eine Bedeutung in der entsprechenden religiösen und spirituellen Praxis. Die Existenz dieser Archetypen ordnete Jung dem sogenannten „kollektiven Unbewussten" zu, das uns als Menschheit eint. Das kollektive Unbewusste beschreibt die Grundstruktur der Psyche des Menschen, derer wir uns alle nicht gewahr sind. Zwar bezog Jung diese Erkenntnis nicht unmittelbar auf die tatsächliche Existenz dieser Bilder,

aber er erkannte damit eindringlich an, welch große Bedeutung die schamanische Weltanschauung auf die Menschheit und ihre Geschichte hat.

Schamanische Grundbestandteile

Urbilder oder Archetypen sind nicht das Einzige, was die schamanischen Praktiken weltweit eint. Tatsächlich ist es faszinierend, wie viele ähnliche Bestandteile sich unabhängig voneinander auf allen Teilen der Welt in dieser Hinsicht entwickelt haben. Im Verlauf dieses Buches werden Sie diese Bestandteile des Schamanismus genauer kennenlernen und ihre Bedeutung im großen Zusammenhang besser verstehen. An dieser Stelle wollen wir sie Ihnen jedoch schon einmal überblicksweise kurz vorstellen.

Naturverbundenheit

Die Verbundenheit zur Natur stellt ein wesentliches Merkmal des Schamanismus dar. Nicht nur in animistischen religiösen Zirkeln wird das Zurückkehren zur Natur und die Bedeutung der natürlichen Gegebenheiten hochgehalten – ein Beispiel dafür ist die Bedeutung des Berges Sinai für die abrahamitischen Religionen. Im Schamanismus wird die umgebende Welt wertgeschätzt und ihre Bedeutung für die persönliche und kollektive Entwicklung hochgehalten. Dazu gehört auch das Respektieren und Ehren von Flüssen, Höhlen, Seen und Bergen.

Gesundheit und Harmonie

Der Einklang, die Gesundheit und die Harmonie sind wichtige Ziele und Aufgaben eines Schamanen. Er bringt Einklang in die äußere Welt, in die körperliche und seelische, aber auch zwischen den Welten. Diese Gesundheit soll in der gesamten Gemeinschaft erreicht werden – also im Menschen, zwischen den Menschen, aber auch zwischen Mensch und Umwelt.

Trommeln und Tanz

Eine der bedeutendsten schamanischen Praktiken findet sich im Trommeln und im Tanz. Diese Praxis ist verblüffenderweise allen Schamanen auf der ganzen Welt gleich. Obgleich manchmal andere Instrumente benutzt werden, so nutzen doch alle Schamanen einen gleichmäßigen Rhythmus, um sich in Trance zu versetzen und auf Seelenreise zu begeben. Dieser Rhythmus folgt in der Regel dem des Herzens, aber auch dem des Herzschlags der Erde. Das mag erst einmal sehr abgehoben klingen, ist aber faszinierend rational. Man hat über die Jahre herausgefunden, dass der Rhythmus, in welchem die Trommeln geschlagen werden, keineswegs willkürlich oder in einer weit hergeholten Philosophie begründet ist. Tatsächlich schlagen die Schamanen ihre Trommeln in einem speziellen Rhythmus, der in Menschen eine bestimmte Form von Sinus-Welle im Gehirn auslöst, die sie in einen Trance-Zustand versetzen kann. Dieser Rhythmus schlägt in einem Grundton von 3 bis 7 Hertz. Tatsächlich ist dies genau dieselbe Frequenz, in der unsere Erde „atmet". Man fand vor einigen Jahren heraus, dass sich die Atmosphäre der Erde tatsächlich ganz minimal ausdehnt und wieder zusammenzieht („Schumann-Resonanz"). Dies erzeugt eine „Eigenschwingung" der Erde auf etwa 7,8 Hertz. Mit anderen Worten: Das schamanische Trommeln bringt uns in einen Rhythmus, in dem auch die umgebende Natur schlägt, atmet und sich bewegt. Dieser Takt erzeugt in unserem Gehirn dann entsprechende Oberwellen, die zu tranceartigen Zuständen führen.

Im Zusammenhang mit diesen Rhythmen finden auch immer wieder schamanische Tänze ihren Platz in solchen Ritualen. Die Tänze dienen dazu, sich auf die Rhythmen einzulassen, bestimmte Atemtechniken durchzuführen und sich auf diese Weise noch tiefer in Trance zu bringen. Durch diesen Trance-Tanz soll man beispielsweise im sibirischen Schamanismus in die Geisterwelt gelangen können.

Räuchern

In den meisten schamanischen Traditionen werden auch Räucherungen als spirituelle und medizinische Praktiken genutzt. Durch den Raum freigesetzte Aromen sollen über die Atemwege in das limbische System des Gehirns geleitet werden. Von dort aus wiederum wirken sie auf Seele und Körper und sollen dazu führen, die Stimmung zu heben, den Körper zu entspannen, aber auch zu heilen. Sowohl innen als auch außen – zum Beispiel in Räumen – soll das Räuchern seine reinigende und desinfizierende Wirkung entfalten.

Schlaf und Träume

Beruhigungsrituale aller Art sind ebenfalls Teil der meisten schamanischen Traditionen. Am besten bekannt ist wahrscheinlich der Traumfänger als Symbol eines ruhigen Schlafs und guter Träume. Der Traumfänger soll symbolisch die schlechten Träume im Netz fangen, während die guten durch die Löcher hindurchkommen. Schlechte Träume werden von der Morgensonne aufgelöst.

Krafttiere

Krafttiere haben eine besondere Stellung als Begleiter der meisten Schamanen. Ein Krafttier ist ein spiritueller Begleiter, der den Schamanen auf seinen Reisen zur Seite steht. Dem Namen entsprechend schenkt dieses Tier dem Schamanen Kraft, aber auch Heilung. Die verschiedenen Krafttiere haben unterschiedliche Fähigkeiten, Tugenden, Stärken und Schwächen, die sie für bestimmte Anwendungen besonders machen. Die Bedeutung der Krafttiere ist jedoch vielfältig und unterscheidet sich zwischen den indigenen Stämmen. So ist in Sibirien und Alaska der Rabe der Urahn des Menschen, während in den indigenen Stämmen der Arktis der Bär die wichtigste Rolle einnimmt.

Die Idee der Krafttiere gefällt vielen Menschen, weswegen es heutzutage zahlreiche Angebote gibt, durch die man sein inneres Krafttier durch Orakel-, Tarotkarten oder das eigene Geburtsdatum erkennen soll. Die moderne Krafttier-Anwendung hat wenig mit der schamanischen Idee zu tun und sollte daher mit Vorsicht beurteilt und genutzt werden. Zu den Krafttieren finden Sie in diesem Buch unter „Die Welt des Schamanismus betreten" ein eigenes Kapitel, in dem Sie sich ausführlicher mit den unterschiedlichen Krafttieren und ihren möglichen Bedeutungen auseinandersetzen können.

GEISTIGE WESEN

Da Schamanismus in fast allen Kulturen seit mehreren Jahrtausenden besteht, kann er auf eine weitreichende Fülle an Anwendungen, Informationen und Weltanschauungen zurückgreifen. Gerade letztere decken sich

in den meisten schamanischen Traditionen. Eine besondere Rolle spielen hier die geistigen Wesen, also Formen von Energie und Kraft, die wir in unserer materiellen Welt nicht mit bloßem Auge wahrnehmen können. Neben der diesseitigen Welt werden im Schamanismus weitere Weltenebenen angenommen, die mit uns in Kontakt stehen.

Die vier Ebenen der schamanischen Welt

Den meisten Menschen in der westlichen Welt sind mindestens drei Realitätsebenen geläufig: die christlich geprägte Weltanschauung. Wir unterscheiden zwischen dem Diesseits und dem Jenseits, das wiederum in zwei Teile geteilt ist: den Himmel und die Hölle. Diese Weltanschauung ist keineswegs ungewöhnlich. Tatsächlich unterscheiden alle Religionen zwischen den Welten der Menschen und denen der Götter. Fast immer findet man auch ein „Unten“ und „Oben“. Das beste Beispiel hierfür ist die altgriechische Mythologie, in welcher man den von Zeus beherrschten Himmel der von Hades geführten Unterwelt entgegenstellt. Dieses „Unten“ und „Oben“ gibt es auch im Schamanismus, allerdings findet dies hier ohne Wertung statt. Beides ist notwendig zum Bestehen der Welt und eines ist nicht wertvoller als das andere. Daneben unterscheidet der Schamanismus aber noch zwei weitere Welten: die alltägliche Welt des Menschen und die nicht alltägliche Welt des Menschen. Man könnte diese vier Welten also mit links und rechts, oben und unten übersetzen. In der alltäglichen Welt findet all das statt, was Sie als „ganz normal“ erleben: Ihr Weg zur Arbeit, ein Treffen mit Freunden, der Kaffee, den Sie trinken. Auch die Vorstellung dieser normalen Gegebenheiten betrifft die alltägliche Welt. Denken Sie während der Arbeit an den Kaffee, den Sie später trinken, ist auch dieser ein Teil der alltäglichen Welt. Die nicht alltägliche Welt tritt dann in Erscheinung, wenn vor Ihrem geistigen Auge Dinge geschehen, die so in der Realität nicht für jeden sichtbar stattfinden. Wenn Sie beispielsweise während Ihres Gedankens an den Kaffee vor Ihrem inneren Auge sehen, wie eine fremde Person mit Ihnen

diesen Kaffee trinkt, ist dieser Moment ein Teil der nicht alltäglichen Welt. Die „mittlere Welt", also unser Erleben, ist somit geteilt in zwei Teile, die zwar miteinander verknüpft sind, aber unterschiedliche Realitäten abbilden. Die untere und obere Welt beinhaltet nur das nicht alltägliche Leben: Hier begegnet man den geistigen Wesen, wie Göttern, Engeln, Dämonen und Ähnlichem.

Astralwesen

Geistige Wesen bezeichnen alle Arten von nicht Alltäglichem, also Geister, Feinstoff- und Astralwesen. Letztere sind geläufige Bezeichnungen für Wesen, die außerhalb unseres Sicht-, Hör-, Riech- und Fühlvermögens liegen. Geistige Wesen können aber auch innere Kräfte bezeichnen.

In unserer physischen Welt wirken physische Kräfte. Die Schwerkraft, Bewegung, einfach alles, was wir normalerweise kennen und erleben, wird von den Gegebenheiten unserer Erde beeinflusst. Allerdings wirken neben diesen Kräften auch die feinstofflichen Kräfte. Sogenannte Astralwesen sind Wesen, die diesen physischen Kräften nicht unterliegen und daher außerhalb von ihnen existieren. Astralwesen sind das, was man klassischerweise als „Geist" verstehen würde. Naturwesen, Feuer- und Wassergeister, auch Pflanzen- und Baumgeister, all dies sind Formen von Astralwesen. Schamanen können sich mit dieser Art von Geistern in Verbindung setzen. Sie können durch sie Hilfe erfahren oder Erkenntnisse erlangen. Man sagt, dass auch die Seele eine Art geistiges Wesen ist: So spricht man zum Beispiel von dem geistigen Wesen, das uns innewohnt, als Astralkörper. Dieses Astralwesen kann ohne den physischen Körper existieren und wird in manchem Glaube bei einer Reinkarnation in einem neuen Körper wieder auf die Erde geschickt. Sogenannte Astralreisen bezeichnen hingegen das Reisen im Astralkörper bei Menschen, die gelernt haben, ihren physischen Körper willentlich zu verlassen.

Höhere geistige Wesen

Höhere geistige Wesen sind jene Astralwesen, die eine höhergestellte Funktion haben. Diese Wesen nennt man Deva oder Devata, also Lichtwesen; in vielen Religionen, unter anderem der christlichen, werden sie als Engel bezeichnet. Die Aufgaben dieser Wesen können variieren und je nach Umstand können sie auch mit uns in Kontakt treten. So ist es durchaus möglich, dass Sie den höheren geistigen Wesen auf einer schamanischen Reise begegnen können.

Innere Kräfte

Emotionen wie Ärger und Angst, aber auch abstraktere Konzepte wie der Gerechtigkeitssinn sind innere Kräfte und werden im Schamanismus als geistige Wesen angesehen. Somit kann man das eigene Selbst auch unterteilen und die Kräfte, die in einem wirken, als geistige Wesen betrachten. Das kann dabei helfen, die eigenen Emotionen besser zu verstehen und auch zu kontrollieren. Stellen Sie sich die geistigen Wesen dabei wie Mitarbeiter in einem Komplex vor. Statt zu denken „Ich ärgere mich total“, könnten Sie sagen: „Der Ärger in mir ist gerade sehr groß“ oder noch besser: „Das geistige Wesen des Ärgers in mir ist gerade besonders kraftvoll.“ Diese inneren Kräfte wirken miteinander in Wechselwirkung und bestimmen unser Gesamterleben. Das Ordnen der inneren Kräfte kann eine heilvolle Tat eines Schamanen sein.

BEWUSSTSEINSEBENEN

Wie aber werden nun diese Kräfte geordnet, wie wird die stockende Energie wahrgenommen, wie werden die Geister bemächtigt, um den Lebenden zu helfen? Die schamanische Arbeit zeichnet sich durch die willentliche Steuerung verschiedener Bewusstseinsebenen aus. Durch die Erweiterung des eigenen Bewusstseins erlangt der Schamane die Fähigkeit, nicht nur die beiden mittleren Welten, sondern auch die obere und untere zu betreten und wahrzunehmen.

Bewusstsein und Bewusstseinsebenen

Der Begriff „Bewusstsein“ kann im alltäglichen Sprachgebrauch vieles bedeuten. Er umfasst verschiedene Aspekte der Wahrnehmung und Aufmerksamkeitssteuerung.

Beispiel #1:
Auf Ihrem Weg zur Arbeit gibt es bestimmte Dinge, die Sie bewusst, und andere, die Sie nicht bewusst wahrnehmen. Während Sie an verschiedenen Häusern und Bäumen einfach vorbeigehen, ohne Ihnen Aufmerksamkeit zu schenken, fangen andere Ihre Blicke: der kürzlich erblühte Kirschbaum, das neue Baugerüst am Nachbarhaus, der Geruch von frisch gemähtem Rasen.

Auch das „Selbstbewusstsein“ und die „Bewusstheit“ über das eigene Dasein gehören zu möglichen Anwendungen dieses magischen Wortes. Man könnte sogar sagen, dass der Begriff einem dermaßen geläufig ist, dass man kaum mehr über seine Bedeutung nachdenkt.

Beispiel #2:
Wenn jemand sehr sicher auftritt, spricht man auch von einer selbstbewussten Person. Selbstbewusst meint hier, sich seiner selbst nicht nur bewusst, sondern auch sicher zu sein. Das eigene *Bewusstsein* hingegen kann auch als die Kenntnis über sich selbst als abstraktes Subjekt verstanden werden. So findet manch einer, dass den Menschen ausmacht, dass er ein eigenes Bewusstsein hat und dass er aus einer subjektiven Sicht Dinge wahrnehmen und eigenbestimmt steuern kann.

Letztlich kann der Begriff Bewusstsein aber auch eine Aussage über die Handlungsfähigkeit treffen.

Beispiel #3:
Vielleicht gehören Sie auch zu den Menschen, die vor Schreck fast das Bewusstsein verlieren. Und kann man einen Schlafwandler bestrafen, wenn er im Schlaf eine Straftat begeht? Schließlich war er währenddessen nicht bei Bewusstsein ...

Sie sehen, es gibt viele Möglichkeiten, das Wort Bewusstsein zu interpretieren. Zusammenfassend kann man aber sagen, dass es Aussagen über die Achtsamkeit, Wahrnehmungs- und Handlungsfähigkeit eines Menschen trifft. Ist er sich seiner Handlungen bewusst oder führt er diese bewusst durch, so kann er es ausdrücken oder darauf gezielt reagieren. Ist ein Mensch unbewusst, kann er seine Handlungen entweder gar nicht steuern (Beispiel: Schlaf, Koma) oder nur nicht gezielt (Beispiel: emotionale Reaktion auf einen traumatischen Trigger). Unbewusste Wahrnehmung führt manchmal dazu, dass Sie sich auf etwas verlassen, das Sie Ihre „Intuition" nennen: Sie wissen nicht, warum Sie etwas Bestimmtes fühlen oder wollen – aber Sie wissen unbewusst, dass es richtig ist.

Das Unbewusste

Der berühmte Psychologe und Vater der modernen Tiefenpsychologie, Sigmund Freud, befasste sich in seiner Arbeit vielfach mit dem Unbewussten. Sigmund Freud wurde am 6. Mai 1856 in Freiberg geboren und siedelte mit seiner Familie im Jahr 1860 nach Wien. Dort promovierte er in Medizin und erforschte zeit seines Lebens die Psychologie des Menschen. Bis heute zählen seine Theorien zu den einflussreichsten Werken der Psychologie des Menschen. Zu seinen Therapiemethoden zählte er unter anderem Hypnose und Traumdeutung. Er unterschied die verschiedenen Bewusstseinsebenen wie folgt: das Bewusste, das wir klar wahrnehmen und formulieren können; das Vorbewusste, das an der Schwelle zum Bewussten ist; und das Unbewusste, das große Ungewisse, das all unsere Denkmuster, Gefühle und Handlungen beeinflusst, ohne

dass wir darauf bewusst Zugriff hätten. Diese Vorstellung der Bewusstseinsebenen ist eine interessante Darstellung, die sich mit dem subjektiven Erleben der meisten Menschen deckt. Sigmund Freud sah in dem Unbewussten den Schlüssel zu einer erfolgreichen Behandlung: Mit verschiedenen Mitteln, wie Traumdeutungen und Hypnose, bemühte er sich darum, an den Kern, das Unbewusste, zu kommen und dadurch – nicht unähnlich den Schamanen – das Krankmachende in einem Patienten zu finden und aufzulösen, um ihn zu heilen.

In der heutigen Psychologie beschreibt man mit dem Bewusstsein eher einen Zustand der Aufmerksamkeit in der Wahrnehmung. Wie im ersten Beispiel beschrieben, dreht sich die Forschung häufig darum, wann und warum wir etwas Bestimmtes bewusst wahrnehmen. Warum sehen wir den Kirschbaum, aber nicht den Apfelbaum dahinter?

Bewusstseinsebenen in der Medizin

Auch im Recht und in der Medizin spielen Bewusstseinszustände eine wichtige Rolle. Während es in der Rechtsanwendung meistens vor allem darum geht, wann und wie schuldfähig jemand ist, betrachtet die Medizin die verschiedenen Bewusstseinszustände meistens im Rahmen einer Krankheit. Dabei lassen sich verschiedene Bewusstseinszustände voneinander abgrenzen.

Wachzustand

Im Wachzustand befinden wir uns in genau dem Zustand, der uns unser alltägliches Leben ermöglicht. Wir können Gedanken ordnen, strukturieren und, wenn die sprachliche Fähigkeit vorhanden ist, sie in Worte fassen und ausdrücken. Natürlich sind Menschen mit eingeschränkter Sprache und Kleinkinder auch dann wach, wenn sie dies nicht mit eigenen Worten ausdrücken können – eine weitere Komponente des Wachzustands ist daher die Handlungsfähigkeit. Diese lässt Sie auf die umgebenden Geschehnisse reagieren und agieren.

Hypnagogie

Hypnagogie ist ein besonderer Bewusstseinszustand, der beim Einschlafen, Tagschlafen oder nächtlichem Erwachen auftritt und in welchem man visuelle, auditive und taktile Halluzinationen erleben kann, ohne gänzlich zu schlafen.

Schlafzustand

Der Schlafzustand ist trotz immer weiter fortschreitender Forschung noch nicht gänzlich ergründet. Er geht einher mit physiologischen Unterschieden, die sich besonders in den Gehirnwellen zeigen. Im Schlafzustand ist der Körper des Menschen meistens gelähmt (Ausnahme: Somnambulismus = Schlafwandeln). Schlaf hat eine wichtige, erholende und das Gedächtnis vertiefende Funktion für Mensch und Tier.

Spannenderweise lassen sich die unterschiedlichen Schlafzustände an den Veränderungen der Gehirnwellen messen. Im wachen Zustand schwingen die Gehirnwellen auf einer Beta-Frequenz zwischen 13 und ca. 30 Hertz. Im Schlaf durchläuft man üblicherweise mehrere Zyklen unterschiedlicher Wellen. Diese kann man in Alpha-, Theta- und Deltawellen unterteilen. Deltawellen (0,2 bis 3 Hertz) treten im Tiefschlaf auf, in welchem wir gänzlich entspannt sind. Dieser Schlaf ist traumlos und nicht von visuellen, auditiven und taktilen Halluzinationen begleitet. Alpha-Wellen (ca. 8 bis 12 Hertz) treten meistens beim Aufwachen oder Einschlafen auf und kommen oftmals zwischen der Wach- und Traumphase vor. Auch bei Hypnose kann man Alpha-Wellen beobachten. Dieser Zustand ist in etwa das, was Sigmund Freud als Vorbewusstsein bezeichnen würde. Theta-Wellen (4 bis 8 Hertz) treten hingegen beim Träumen auf und zeichnen sich entsprechend durch das Auftreten von visuellen, auditiven und taktilen Halluzinationen aus.

Traumzustand

Im Traumzustand können wir all die unmöglichen Dinge sehen, die uns im Wachzustand verborgen bleiben. In der Sprache der Tiefenpsychologie würde man sagen, dass im Traum ein Zugang zum Unbewussten geschaffen wird. Träume kommen in der REM-Phase des Schlafes vor. REM steht für Rapid Eye Movement und bezeichnet das charakteristische Flackern der Augenlider während dieser Schlafphase. Wenn Sie also nach einem Traum aufwachen und sich an ihn erinnern können, schwingt Ihr Gehirn noch in Alpha-Wellen, wenn auch nicht mehr in Theta-Wellen. Wer sich nach dem Schlaf nicht mehr an seinen Traum erinnern kann, ist direkt in den Wachzustand gewechselt. Statt der längeren Alpha-Wellen schwingen im Gehirn direkt die kürzeren Beta-Wellen.

Der Klartraum oder auch luzide Traum ist eine Unterform des Traumes – in diesem ist sich der Träumer des eigenen Träumens bewusst. Das führt dazu, dass er dazu befähigt ist, den Traum weitgehend zu steuern, allerdings teilweise auch willentlich erwachen kann. Luzides Träumen kann erlernt und trainiert werden.

Koma

Das tiefe Koma ist das Gegenstück zum bewussten Wachzustand. Handlungs- und Wahrnehmungsfähigkeit treten hier scheinbar nicht mehr zutage. Es gibt auch Wachkoma-Patienten, die scheinbar über ein Bewusstsein verfügen, jedoch nicht handlungsfähig sind. In beiden Fällen sind aber elektrische Signale im Gehirn messbar, dies ist zum Beispiel beim Hirntod nicht der Fall.

Trance

Der Trance-Zustand ist ein Bewusstseinszustand, der dem des Schlafes nicht unähnlich ist. Er ist begleitet von all jenen „Halluzinationen“, die auch den Traum ausmachen. In der Regel sind sich die Akteure in der Trance jedoch ihrer selbst bewusst und handeln demnach eher wie ein Mensch im Klartraum. Der Trance-Zustand ist ein wesentlicher Bestandteil der schamanischen Arbeit.

Trance

Trance ist ein erweiterter Bewusstseinszustand, in dem Zeit und Raum verwischen. Viele Personen, die sich in Trance begeben, sprechen davon, dass sie mit ihrem Unterbewussten in Verbindung treten. Sie erhalten Einsicht und Kenntnisse in Dinge, von denen sie im Normalzustand nichts erfahren.

Trance spielt eine große Rolle in schamanischen Ritualen. Allerdings ist der Trance-Zustand auch in der schamanischen Arbeit kein dauerhafter Zustand und dies wird auch nicht erwartet. Tatsächlich soll die Trance eine kurzfristige Verbindung des Schamanen mit den anderen Welten herstellen.

Trance aus physiologischer Sicht

Wie bereits erwähnt, bringen sich Schamanen mit einem regelmäßigen Rhythmus in einen Trance-Zustand. Dieser Rhythmus schwingt auf 3 bis 7 Hertz, auf der auch die Theta-Wellen schwingen, die während des Träumens aktiv sind. So bringen sich die Schamanen in einen willentlichen traumartigen Zustand, der ihnen eine erweiterte Kenntnis erschafft. Trance findet technisch gesehen auch schon auf einer höheren Frequenz, bei Alpha-Wellen, statt. Auf neurologischer Ebene kann man zudem beobachten, dass während der Trance die Stresshormone Noradrenalin, Adrenalin und Cortisol abnehmen, während körpereigene Endorphine ausgeschüttet werden.

Trance im Schamanismus

Die wenigsten Schamanen haben ihre Gehirnwellen während einer Trance untersuchen lassen. Die physiologischen Kenntnisse der Trance sind zwar spannend, aber letztlich völlig unerheblich für den Effekt der Trance. Denn diese entfaltet ihre Wirkung auch so. Die Trance soll zudem im Schamanismus nicht den Zugang zum Unbewussten öffnen, vielmehr wird der Zugang zu anderen Welten geöffnet. Dieser mag über das Unbewusste gehen, setzt aber auch eine allgegenwärtige und große universelle Energie voraus, mit der sich Schamanen in Verbindung setzen können. Es ist das Universum, das kontaktiert wird, wenn sich ein Schamane in Trance begibt.

Ekstase

Die Ekstase ist eine übliche Form des Erlebens während der Trance. Ekstase ist ein Sammelbegriff für intensive psychische Ausnahmezustände, die meistens von einer großen Euphorie begleitet sind. In der Ekstase kann ein Mensch das Gefühl erlangen, „über sich" oder „außerhalb von sich" zu stehen. Die schamanische Ekstase wird durch einen Trancezustand erreicht. Dies kann durch Trommeln oder Tanzen geschehen und versetzt den Schamanen in einen außerordentlichen Zustand gesteigerter Wahrnehmung. Während der Ekstase begibt sich der Schamane letztlich in eine der drei Welten (Ober-, Unter- und Mittelwelt). Während in der Oberwelt der Kontakt zu den geistigen Wesen gesucht wird, wird in der Unterwelt der Kontakt zu der Erde hergestellt. Bei Kontaktherstellung mit der Mittelwelt setzt sich der Schamane mit den sinnlich wahrnehmbaren Dingen der Welt in Verbindung.

Meditation

Im Gegensatz zur Trance ist der Meditationszustand nicht euphorisierend, sondern beruhigend. In der Meditation kann aber ebenso eine Bewusstseinserweiterung stattfinden. Während der Trance-Zustand dem des REM-Schlafs ähnelt, findet man in der tiefen Meditation einen Zustand wie im Tiefschlaf: traumlos, ruhig und still. Allerdings ist man, wie auch in der Trance, währenddessen bei völligem Bewusstsein.

Meditative Praktiken werden auf der ganzen Welt in den verschiedensten Formen gefunden. Jede spirituelle Praxis hat in der Regel auch die eine oder andere Form der Meditation. Besonders bekannt sind die Meditationen des indischen Ayurveda und die buddhistischen Praktiken der Mönche. Derart erfahrene Personen können sich mittels Meditation in einen Zustand versetzen, der so erholsam ist wie mehrere Stunden Schlaf, obgleich sie nur wenige Minuten in dieser vollkommenen Meditation sind.

Die Magie der Natur

ALLES IN UNS, UM UNS & ÜBER UNS IST VERBUNDEN

In der Welt der Schamanen ist alles miteinander verknüpft. Unsere Erde und die Gestirne bilden gemeinsam den Kosmos, in dem seine Bestandteile miteinander kommunizieren. Genauso können auch die vier Welten – die Unter-, Ober- und die beiden Mittelwelten (die alltägliche und die nicht-alltägliche) – in Kontakt miteinander treten und sich gegenseitig beeinflussen.

Das Wandeln zwischen den Welten ist allerdings keine tägliche Routine für die Schamanen. Ganz im Gegenteil soll sie nur den speziellen Ritualen vorbehalten sein, denn Ziel im Schamanismus ist es, eine Balance zwischen den Welten zu halten. Dazu gehört auch, in der diesseitigen Welt zu residieren und die Verbindung mit der Natur zu stärken. Genauso wie Erde und Gestirne, alltägliche und nicht alltägliche Welt stehen auch wir mit unserer Umwelt in einer stetigen Verbindung. In Einklang mit der Natur zu treten, heißt folglich, sich mit etwas zu verbinden, mit dem wir eigentlich schon verbunden sind. Diese Verbindung kann jedoch genährt und gestärkt werden. Schließlich ist sie sogar so mächtig, dass sich wahrhafte Magie durch sie entfalten kann.

Die Luft, die wir atmen, die Erde, auf der wir wandeln, die Vögel, die wir singen hören – das alles ist ein Kosmos für sich und mit uns und den anderen Welten verknüpft. Diese ganzheitliche Weltsicht spiegelt sich in zahlreichen schamanischen Praktiken wider.

Wie Sie jetzt bereits wissen, gibt es auf der ganzen Welt verteilt schamanische Praktiken und Rituale. Anders ausgedrückt könnte man auch sagen, dass überall auf der Welt eine ganzheitliche Sicht auf unsere Rolle in der Natur vorhanden ist. Der Schamanismus kann eben nicht nur in fernen Ländern, sondern auch in Europa auf eine sehr lange Geschichte zurückblicken.

GESCHICHTLICHES – NATURSCHAMANISMUS & HEILUNG

Die ersten Schamanen im heutigen Sinne stammen vermutlich aus Sibirien. Man kann allerdings davon ausgehen, dass die heute noch bekannten Praktiken auch schon Vorläufer hatten, die sich entsprechend auf anderen Erdteilen weiterentwickelt haben.

Faszinierenderweise sieht man die engste Verknüpfung schamanischer Rituale auch heute noch zwischen der Urbevölkerung Sibiriens und

der Urbevölkerung Nordamerikas. Vor vielen Jahrtausenden überquerten die Urahnen der heutigen Natives in Amerika die Beringsee vom asiatischen Kontinent aus. Mit anderen Worten: Die Ureinwohner Südamerikas stammen von den sibirischen Ureinwohnern ab. Daher gleichen sich auch bis heute noch einige Praktiken und kulturelle Eigenheiten der sibirischen Schamanen mit denen der amerikanischen Ureinwohner. Je weiter südlich die Stämme residieren, desto unterschiedlicher werden auch die Rituale.

Unabhängig davon kann man auf der ganzen Welt die Entwicklung naturschamanischer Praktiken beobachten: Dazu gehören nicht nur das Anrufen von Geistern und das Heilen in der Trance, sondern auch die Kräuterkunde und ein ganzheitlicher Blick auf Heilung. Die alltägliche, hiesige Welt und ihre Natur haben eine ganz bedeutsame Rolle im Schamanismus auf der ganzen Welt.

Sibirische Schamanen

Der Ursprung der heute bekannten schamanischen Praxis liegt in Sibirien. Naturschamanismus wird hier vor allem in den Hirtenvölkern gefunden, insbesondere bei den tungusischen Völkern. Die tungusischen Völker umfassen eine Bandbreite an Menschen, die heute in Sibirien, der Mongolei und China beheimatet sind. Schamanen hatten hier einen besonderen Stellenwert und wurden von der Bevölkerung sehr verehrt. Um ein Schamane zu werden, musste man von anderen Schamanen initiiert werden oder eine spirituelle Reise unter-

nehmen. Diese Reise wurde allein durchgeführt, weit entfernt vom Stamm, und hatte das Ziel, Geister zu kontaktieren und sich ihre Methoden anzueignen.

Nicht jeder Schamane hatte den gleichen Schwerpunkt in der Ausübung seines Amtes: Es gab Schamanen, die darauf spezialisiert waren, böse Geister abzuwehren, aber auch jene, die besonders als Heiler wirkten. Einige Schamanen betrieben vor allem Zauber und teilweise sogar schwarze Magie.

Im sibirischen Schamanismus waren große Zelte zur Durchführung der schamanischen Praxis üblich: die sogenannten Jurten. Jurten galten als Verbindung zwischen den Welten. Auch heute noch ist das Bild des aus der Jurte aufsteigenden Rauches sehr bekannt. Der Rauch symbolisiert die Reise des Schamanen, wenn er die kosmische Welt betritt.

Halluzinogene Substanzen spielten und spielen im sibirischen Schamanismus ebenfalls eine Rolle. Hier ist es der giftige Fliegenpilz, der nur in geringen Mengen angewandt werden kann, ohne tödlich zu wirken. Um diesen zu identifizieren und korrekt zuzubereiten, war es notwendig, ein ausgeprägtes Wissen über die Natur zu besitzen. Sibirische Schamanen mussten also auch sehr kräuterkundig sein, um ihre Rituale genau durchführen zu können. Eine besonders spezielle Praxis, sich das Gift weitgehend unschädlich zuzuführen, war die Verfütterung der Fliegenpilze an Rentiere. Anschließend fingen die Schamanen den Urin auf, um ihn zu trinken und so eine psychedelische Wirkung zu erzielen. Rentiere galten zudem als die ständigen Begleiter der Schamanen.

Die schamanischen Praktiken der sibirischen Völker blieben lange weitgehend intakt. Zur Zeit der Sowjetunion verbot man allerdings den Schamanismus. Erst seit Zusammenbruch der Sowjetunion erlangte der Schamanismus in Sibirien ein Revival. Die heutige schamanische Praxis bemüht sich um Umweltschutz und eine friedliche Koexistenz mit den nationalen Religionen. Während es noch einige Schamanen gibt, die einen älteren Schamanismus betreiben, sind viele neue Praktiken nicht

mehr an die Traditionen der alten Bevölkerung angelehnt. Daher kann man sagen, dass es zwei schamanische Heilweisen in Sibirien gibt: die ältere, traditionelle, und eine neue, die eher dem Trend folgt, ohne den eigentlichen Kontakt zum ursprünglichen Schamanismus zu kennen und zu halten.

Nordamerikanische Schamanen

Die Schamanen Nordamerikas unterscheiden sich von Stamm zu Stamm sehr. Sogar heute noch gibt es in den USA etwa 526 Stämme der Urbevölkerung. Alleine in Alaska sind es 235. In Kanada sind es sogar 615 anerkannte Stämme der Ureinwohner. Anhand dessen lässt sich auch die Fülle der verschiedenen Traditionen erahnen.

Viele der nordamerikanischen Schamanen bekommen ihren Status über Vererbung, allerdings auch über ein persönliches Interesse. Manche Stämme wählten Schamanen, andere suchten sie nach bereits vorhandenen spirituellen Kräften aus. Hier ist jedoch Folgendes zu beachten: Nicht

jeder augenscheinliche Schamane entspricht auch den Grundzügen des Schamanismus; oftmals werden religiöse Leiter, Künstler oder Medizinmänner mit Schamanen verwechselt. Ein gutes Beispiel dafür sind die Navajo-Hataalii. Äußerlich betrachtet könnte man gut auf die Idee kommen, dass sie Schamanen sind. Allerdings waren sie die Experten für Zeremonien: Sie übernahmen religiöse, künstlerische und musische Aufgaben. Mit dem Weltenreisen und der Heilung hatten sie nicht viel zu tun. In einigen Kulturen wurde auch extra zwischen den Medizinmännern und den Schamanen unterschieden, wobei die Schamanen hier für die geistigen Rituale und die Medizinmänner für medizinische Eingriffe zuständig waren. Da der Begriff dem klassischen sibirischen Schamanen entlehnt ist, muss man hier nach den Gemeinsamkeiten suchen und sich nicht einfach auf eine bestimmte Stellung der Person in der Gesellschaft beziehen.

Die Schamanen Nordamerikas, aber auch ihre Medizinmänner, spezialisierten sich oftmals auf das Heraussaugen von Objekten. In ihrem Glaube nahm man an, dass es materielle oder nicht materielle Objekte waren, die den Körper krank machten. Das Raussaugen besiegte somit die durch das „Objekt" entstandene Krankheit. Auch die Beeinflussungen des Wetters und des Erfolges bei der Jagd waren gängige schamanische Praktiken.

In Nordamerika lag und liegt der Schwerpunkt schamanischer Arbeit auf der Heilung. Es gab und gibt mehr männliche als weibliche Schamanen, wobei auch dies von Stamm zu Stamm unterschiedlich war und ist. Der Schamanismus Alaskas ist dem der sibirischen Ureinwohner auch aufgrund geografischer Gegebenheiten ähnlicher als beispielsweise jener kalifornischer Völker.

Südamerikanische Schamanen

Die Praktiken der süd- und mittelamerikanischen Schamanen unterscheiden sich von denen der nordamerikanischen Stämme. Zum einen gab es hier auch Hochkulturen, wie die Azteken, Maya und Inka, zum anderen haben sich die Kulturen hier auch noch weiter auseinander entwickelt. Im heutigen Mexiko gibt es beispielsweise viele Ureinwohner, die keinen „festen" Schamanen haben. Stattdessen gehört die schamanische Praxis zum Alltagsleben der meisten Ureinwohner und deren Nachkommen. Besonders die Kräuterkunde spielt hier eine bedeutende Rolle – aber auch die Zeremonien und Rituale zur Geisteranrufung werden nicht nur einer, sondern gewissermaßen jeder Person überlassen. Die Schamanen Südamerikas leben und lebten hauptsächlich im Gebiet des Amazonas. Schamanen in Südamerika übernehmen häufig eine höhergestellte Rolle, wie die eines Häuptlings. Viele Völker sehen den Schamanen als ein dem Jaguar ähnliches Wesen und denken, dass sich Schamanen in Jaguare verwandeln können. Jaguare sind entsprechend in einigen Glaubensrichtungen keine „echten“ Tiere, sondern verwandelte Schamanen oder Wiedergeburten der Seelen bereits verstorbener Schamanen. Naturschamanismus in Südamerika verfügt über eine größere Bandbreite halluzinogener Substanzen. Dazu gehört beispielsweise das Brauen eines Tees aus Banisteriopsis caapi (ein „Ayahuasca“-Gewächs) – dem sogenannten „Yagé-Tee“. In ihm enthalten ist die psychoaktive Verbindung DMT. DMT ist bekannt für seine psychedelischen intensiven Erlebnisse, die noch heute sehr faszinierend auf Menschen wirken. Das in der Pflanze enthaltene DMT wird bei normalem Konsum allerdings sehr schnell im Magen aufgelöst – der Yagé-Tee wird daher mit einer anderen Pflanze gemeinsam gebraut, die in Kombination mit der Banisteriopsis caapi den gewünschten Effekt erzielt. Faszinierenderweise geschieht dies durch komplexe chemische Prozesse der Interaktion beider Pflanzen. Das Wissen darüber haben die Schamanen angeblich von der Pflanze selbst erhalten. Auch Meskalin aus dem Peyote- oder San-Pedro-Kaktus wird verwendet, um das gewünschte Ziel zu erreichen.

Europäische Schamanen

Auch in Europa gibt es schon seit Jahrhunderten schamanische Traditionen. Wie weit die Traditionen zurückreichen, kann nicht vollends beantwortet werden. Das Volk der Sámi in Skandinavien ist eine bekannte indigene Bevölkerung Europas, die bis heute besteht. Schamanen sind hier ein wichtiger Bestandteil der Kultur. Auch wenn sie bereits im frühen Mittelalter Repression und Verfolgung ausgesetzt waren, konnten sie einige ihrer kulturellen Rituale behalten. In der samischen Kultur zeigen sich typische Grundstrukturen für ein schamanisches Weltbild. So geht man hier von einer Weltensäule aus, die obere, untere und mittlere Welt trennt. Während in der oberen Welt die Götter leben, finden in der unteren Welt die Toten ihre Ruhe. Die Seelen der Verstorbenen sollen aber auch in der Lage dazu sein, die mittlere Welt zu besuchen und dort als Nordlicht zu erscheinen. Entsprechend ist in ihrer Vorstellung auch der Mensch in sich selbst geordnet: Er hat eine geistige Seele, die zur oberen Welt gehört, eine Vitalseele, die den Körper steuert, und eine Namenseele (auch als Ahnenseele bekannt). Letztere Seele erhält der Mensch aus der Unterwelt, sobald er einen Namen bekommen hat. Da mit dem Aufstieg der großen Reiche und dem Christentum viele der alten Traditionen verloren gingen, kann man im Großteil Europas nicht mehr alle schamanischen Rituale und Traditionen zurückverfolgen. Das heißt aber nicht, dass dieses Wissen völlig verloren gegangen ist. Wie bereits erwähnt, kann man auch in den monotheistischen Religionen schamanische Züge finden – besonders die Rolle der Propheten als Heiler und deren Kommunikation mit Gott sollen hier angesprochen werden.

Das große Interesse an schamanischen Traditionen im heutigen Europa entspringt nicht nur der Faszination der Exotik. Tatsächlich kann man dieses eher als eine Inspiration zur Wiedererweckung der alten Traditionen beurteilen. So haben sich vor allem diejenigen Brauchtümer gehalten, die nicht direkt mit religiös-anmutenden schamanischen Ritualen in Verbindung stehen. Ein gutes Beispiel hierfür ist die Kräuterheilkunde.

Hildegard von Bingen und die Kräuterheilkunde

Die Kräuterkunde wurde bis ins Mittelalter vielfach vor allem in Klöstern praktiziert. Im Europa des 16. und 17. Jahrhunderts hat das Ausradieren schamanischer Traditionen mit den Hexenverbrennungen einen traurigen Höhepunkt erreicht. Oftmals waren die so brutal hingerichteten Frauen nämlich nicht viel mehr als Kräuterheilkundige: Personen, die sich auf spezielle Weise mit natürlichen Heilverfahren auskannten. Doch nicht alle fielen diesen Grausamkeiten zum Opfer: Bereits hunderte Jahre zuvor wurden die Grundsteine für eine weitere naturheilkundige Tradition gelegt. Tatsächlich kann man am Beispiel von Hildegard von Bingen

sogar sehen, dass einigen Heilkundigen noch zu Lebzeiten viel Anerkennung entgegengebracht wurde. Hildegard von Bingen, geboren im Jahr 1098, entstammte einer Adelsfamilie im heutigen Rheinland-Pfalz. Da sie das zehnte Kind der Familie war, wurde sie mit 14 Jahren ins Kloster geschickt – eine damals übliche Praxis. Hier kam sie bei den Benediktinerinnen im Disibodenberg unter. Im Alter von 53 Jahren begründete sie ihr eigenes Kloster und schrieb zwei weltbekannte Werke, die sich mit Naturheilkunde beschäftigten. Zu dieser Zeit war sie schon eine Allgemeingelehrte: Sie beschäftigte sich viel mit Theologie, verfasste aber auch Musikstücke. Ihr Wissen über Pflanzen und deren Heilwirkungen war derart umfangreich, dass sie dafür auch heute noch sehr geschätzt wird. Nicht alles, was Hildegard von Bingen damals niederschrieb, ist bis heute unbestritten. So erkannte sie zwar die unglaubliche Heilkraft von Ingwer, wies allerdings eine ähnlich gute, heute anerkannte Wirkung von Johanniskraut zurück. Trotzdem kann man in ihrer Allgemeingelehrtheit und Naturheilkunde gewisse schamanische Grundzüge erkennen. Das Wissen über den Einsatz der Pflanzen erlangte sie scheinbar von selbst – denn viele ihrer Indikationen widersprachen der damaligen Anwendung der Kräuter. Die Heilkunde von Hildegard von Bingen gilt zudem als ganzheitlich – sie betrachtet nicht nur die einzelne Krankheit, sondern auch den Zustand der Seele und die Kombination der Symptome.

Aber auch neben ihrer heilkundigen Tätigkeit wies Hildegard von Bingen schamanische Züge auf: So erhielt sie Visionen, die geprägt waren von Lichtgestalten und Lichtsäulen. Man mag sich darüber streiten, ob es sich bei Hildegard von Bingen lediglich um eine Gelehrte handelte oder ob sie tatsächlich Aspekte schamanischer Weisheiten in sich vereinte. Dass ihre Anwendungen noch heute große Bedeutung für die Kräuterpraxis haben, ist allerdings unbestritten.

KRÄFTE NUTZEN: IM EINKLANG MIT DER NATUR

Wenn ein Schamane in Einklang mit dem Kosmos tritt, so tritt er auch gleichzeitig in den Einklang mit der ihm umgebenden Natur. Wenn Sie Schamanismus praktizieren wollen, müssen Sie daher ebenfalls Ihre Natur kennenlernen. Das Wissen und Vertrauen um und in die Dinge, die Sie umgeben, ist unabdinglich. Nur so kann eine innere und äußere

Balance hergestellt werden. Echter Schamanismus kann nicht losgelöst von der Natur sein, da er sich erst im Kontakt mit der Natur entfaltet.

Leider entfernen wir uns heutzutage immer mehr von der Natur. Nicht nur unser moderner Lebensstil trägt dazu bei, auch die größer werdende Umweltverschmutzung, Hektik und Globalisierung. Jeder kann zu jeder Zeit überall sein – dadurch verlieren wir den Wert, den dieser Ort und dieser Moment für uns bereithält.

Die Entfremdung von der Natur

Die Entfremdung unseres Lebens von der natürlichen Weise schreitet schon seit hunderten von Jahren voran. Richtigen Aufschwung erreichte sie durch die industrielle Revolution im 18. und 19. Jahrhundert. Der Begriff „Entfremdung", mag sich für den einen oder anderen sehr dramatisch anhören. Immerhin verfügen wir derzeit noch über Wälder und auch künstlich angelegte Grünflächen wie Parks und Spazierwege. Natur *um uns* zu haben, ist jedoch etwas anderes, als *mit ihr* in Kontakt zu stehen. Einige der Verhaltensweisen, mit denen wir uns von unserer natürlichen Lebensweise entfernen, möchten wir Ihnen hier vorstellen.

Leben im Einklang mit der Natur

Sie müssen sich nicht einmal mit einem sibirischen Schamanen aus dem 16. Jahrhundert vergleichen, um zu sehen, wie sehr sich unsere natürliche Lebensweise gewandelt hat. Schon zu Zeiten unserer Großeltern war das Leben noch ganz anders als heute. Es war üblich, sich im Leben nach der Natur und den Jahreszeiten zu richten. Was es zu essen gab, wohin man verreist ist, was man unternommen hat, ja, sogar welche Arbeit man ausübte, stand im ständigen Übereinkommen mit den natürlichen Begebenheiten. Im Winter gab es Kohl zu essen, aber keine frischen Beeren. Im Sommer fuhr man an den nächstgelegenen See und nicht im Winter nach Bali. Während Hausfrauen im Sommer die Beeren einmachten, wurde im Winter vor dem Feuer genäht.

Das soll nicht heißen, dass damals alles besser war. Trotzdem spüren wir eine merkliche Entfremdung unserer natürlichen Lebensweise. Spielt es wirklich noch eine Rolle für Ihr Ess-, Arbeits- und Freizeitverhalten, ob es Sommer oder Winter ist, ob es stürmt oder die Sonne scheint? All diese Aspekte hatten früher eine unheimlich große Bedeutung für uns. Und das war auch gut so: Sie haben uns unsere Grenzen aufgezeigt, den Wandel der Zeit sichtbar gemacht und uns die Vergänglichkeit der Dinge vorgeführt.

Wie sich Arbeit verändert hat

Und es beschränkt sich nicht nur darauf. Wir leben weder im Einklang mit den Jahreszeiten noch mit unserem eigenen Biorhythmus. Anstatt ein tüchtiges Leben zu führen, um für die Familie zu sorgen, arbeiten die Menschen heute vermehrt für einen angesehenen Status und ihre Karriere. Noch größer wird die Kluft, wenn wir uns die Arbeitsweise anschauen. Ständig gibt es Zeitdruck, alles muss schnellstmöglich erledigt werden und die Umstände der Umgebung werden an uns angepasst, nicht umgekehrt. Wenn ein Farmer im 19. Jahrhundert den Boden bestellt hat, so ging er einfach ins Haus, wenn es zu stürmen begann. Diese Art von Achtsamkeit und Langsamkeit ist uns scheinbar abhandengekommen. Stress entfernt uns von der Natur und uns selbst. Er kann Krankheiten auslösen und verschlimmern und das Wohlbefinden zerschlagen. Dabei gibt es eigentlich gar keinen Grund, sich zu stressen, denn die Erde ist bereits ca. 4,6 Milliarden Jahre alt und wird sicher auch noch morgen da sein.

Die Globalisierung und ihre Folgen

Auch die viel gelobte Globalisierung hat ihre Schattenseiten. Jetset-Lifestyle, das Internet und besonders Social Media bieten uns eine schräge Alternativwelt zu der uns bekannten, materiellen. Bilder flackern über den Bildschirm, die uns erzählen, wo wir überall anders sein und was wir tun könnten. Manch einer wird dabei vielleicht neidisch, aber selbst, wenn nicht, so bleibt doch meist kein gutes Gefühl zurück. Es entsteht keinerlei Wertschätzung dafür, dass wir vielleicht genau da sind, wo wir sein sollten. Eingangs erwähnten wir bereits, dass das bloße Nachahmen fremder schamanischer Rituale möglicherweise nicht die Wirkung erzielt, die wir uns dadurch erhoffen. Der Grund dafür ist, dass die schamanischen Rituale im Einklang mit der eigenen Geschichte, Kultur, aber auch Umgebung stehen. Zwar kann hier und da eine Pflanze oder ein besonderer Tanz eine gute Wirkung erzielen und genau richtig sein, aber im Allgemeinen finden wir die besten Heilkräfte genau an dem Ort, an dem wir uns bereits befinden, denn nichts auf dieser Erde ist zufällig.

Der richtige Ort zur richtigen Zeit

Wir befinden uns an einem Ort und verhalten uns auch den Gegebenheiten unseres Ortes entsprechend. Wenn wir weit oben über dem Meer in den Bergen leben, bekommen wir weniger Sauerstoff – unsere Lunge gewöhnt sich daran und absorbiert ihn fortan besser. Wenn wir am Meer leben, sind wir die salzige Luft gewöhnt und den Wind, der uns um die Ohren saust. Unsere Natur gibt uns dafür Pflanzen, die genauso widerstandsfähig sind. Denken Sie immer daran, dass in der schamanischen Lehre alles miteinander verknüpft ist. Was einem Ureinwohner in den Wäldern Südamerikas hilft, hilft Ihnen nicht automatisch an der Ostseeküste. Denn obwohl alles miteinander verbunden ist, sind die Verknüpfungen dort enger, wo Knotenpunkte näher sind. Das ist auch genau richtig so. Die Vorstellung, überall gleichzeitig zu sein, alles immer gleich machen zu können und allgegenwärtig dieselbe Person zu sein, ist keine realistische. Unsere Welt besteht aus Veränderung, Kontakt und der Interaktion kleinster Moleküle miteinander. Verabschieden Sie sich daher von der Vorstellung, überall gleichzeitig sein zu wollen. Die Natur, die uns umgibt, bietet genau das, was Sie in diesem Moment gerade brauchen.

Unsere Erde

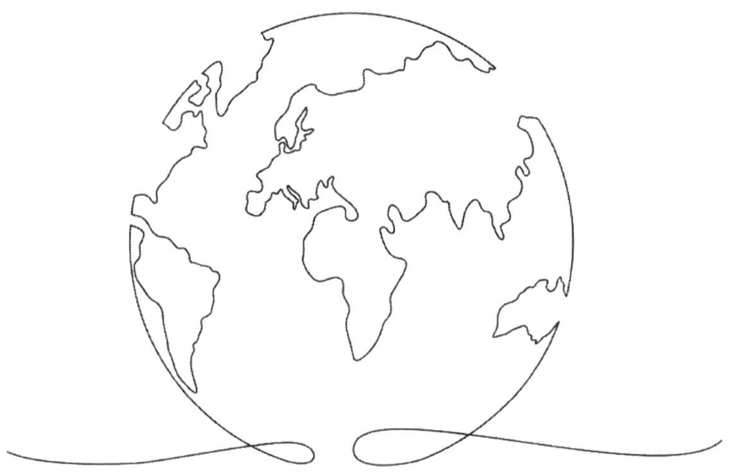

Wie können Sie sich aber der Natur wieder zuwenden, wenn Sie in dieses System verstrickt sind? Sie müssen nun mal arbeiten gehen, um Geld zu verdienen. Sie haben persönliche Verpflichtungen, denen Sie nachgehen müssen. Es mag sich für Sie vielleicht banal anhören, aber der erste Schritt liegt darin, Achtsamkeit zu üben und sich über die magische Natur unserer Erde bewusst zu werden. „Alles ist miteinander verknüpft" hört sich zwar erst einmal schön an, jedoch sind uns selten sofort die

Konsequenzen dieser Feststellung bewusst. Was bedeutet es, dass alles miteinander zusammenhängt?

Wir können diese Frage auf zwei Ebenen beantworten: zum einen auf der beobachtbaren Ebene unserer materiellen Welt, zum anderen können wir diese Zusammenhänge aber auch physikalisch erklären. Eine der schönsten Möglichkeiten, sich die Zusammenhänge der Erde zu vergegenwärtigen, ist der Schmetterlingseffekt.

Magische Verbindungen – der Schmetterlingseffekt

Kann der Flügelschlag eines Schmetterlings einen Wirbelsturm auslösen? Der sogenannte Schmetterlingseffekt beschreibt ein faszinierendes Phänomen: den Zusammenhang aller Dinge.

Im Alltag nehmen wir unsere Realität sauber aneinandergereiht wahr. Jedes Ding existiert für sich selbst. Ob ein Haus neben dem anderen steht, ist irrelevant für das andere Haus. Der Flügelschlag eines Schmetterlings auf der einen Hälfte der Welt hat nichts mit dem Wetter auf der anderen Seite zu tun.

Dem ist tatsächlich aber nicht so. Tatsächlich kann jedes noch so kleine Ereignis unvorhergesehene Konsequenzen haben. Wenn Sie beispielsweise einen anderen Weg als üblicherweise zur Arbeit nehmen, nehmen Sie dabei wahrscheinlich erst einmal keinen Unterschied wahr. Ihre Entscheidung kann aber weitreichende Konsequenzen haben, die Sie nicht erahnen können. Nehmen wir an, Sie würden, statt mit dem Bus, mit dem Rad zur Arbeit fahren. Vielleicht führt Ihre Abwesenheit im Bus dazu, dass eine Person mehr Platz im Bus findet, die ihn sonst aufgrund der Überfüllung gemieden hätte. Diese Person kommt deshalb pünktlich an ihr Ziel, vielleicht sogar zu einem wichtigen Vorstellungsgespräch. Sie erhält einen neuen Job, gründet darauf eine neue Karriere und beeinflusst unzählige andere Personen in ihrem Umfeld.

Das ist natürlich nur ein Beispiel auf kleiner Ebene. Man kann sich auch berühmte historische Phänomene ansehen. So soll Newton die Gravitation beschrieben haben, weil ihm während des Mittagsschlafs ein Apfel auf den Kopf fiel. Wie wäre unsere Geschichte heute wohl, wenn ihm das damals nicht passiert wäre? Entsprechend dieser Logik sagt man, dass ein Schmetterlingsflügelschlag einen Wirbelsturm auf der anderen Seite der Erde auslösen kann. Tatsächlich ist das Wetter gerade wegen des Schmetterlingseffektes so unvorhersehbar, dass einigermaßen akkurate Vorhersagen nur für bis zu 24 Stunden getroffen werden können. Nicht jede Interaktion muss in der nahen oder fernen Zukunft eine solch radikale Konsequenz haben, aber unsere heutige Gegenwart entspringt der Zusammenreihung aller vorhergegangenen Ereignisse. So berichten viele Liebespaare von glücklichen Zufällen, wie sie sich kennenlernten. Vielleicht haben auch Sie wichtige Menschen in Ihrem Leben durch scheinbare Zufälle kennengelernt. Wenn Sie die Welt einmal aus der Perspektive des Schmetterlingseffektes betrachten, werden Sie sehen, dass es keine „Zufälle" in dem Sinne gibt. Alles ist eine Konsequenz aus dem großen Zusammenhang der Welt. Anhand dessen können wir sehen, dass alles, was ist, ein Produkt von vergangener Interaktion und eigenem Antrieb ist. So entfaltet sich die Magie der Natur vor unseren Augen, denn jeder neue Schritt, den wir gehen, wirkt sich auf unsere Umwelt aus. Genauso wirkt jedes Geschehen in unserer Umwelt auf uns. Dies ist die tiefere Bedeutung der Verbindung der Welt.

Zugang zur Magie

Da wir mit allem in unserer Umwelt in Verbindung stehen, können wir auch aus allem in unserer Umwelt Energie schöpfen. Man sagt, Magie entstehe aus einem selbst, tatsächlich entsteht Magie aber aus der Verbindung von Ihnen selbst und Ihrer Umwelt. Dazu gehören die Verbindung von Ihnen mit der Natur, die Verbindung verschiedener heilsamer Substanzen und die Verbindung zwischen Geist, Seele und Körper.

Dass die Natur auf ihre eigene Art und Weise magisch ist, vermag wohl niemand abzustreiten. Natürlich wird ihre wundersame Wirkweise immer wieder rationalisiert oder versucht, auf simple Formeln herunterzubrechen. Dennoch bleiben da das Wunder des Lebens, das Wunder des Existenten und das Wunder der Erde, des Sonnensystems und des Universums. Das alles kann ein Mensch kaum fassen und womöglich erst recht nicht erklären. Von daher entsteht Magie auch nicht durch die Erklärung des Ganzen: Sie entsteht durch das Einlassen auf sie, das Annehmen und das Akzeptieren. Die Natur kann wahre Wunder vollbringen, wenn man sich nur bewusst und achtsam mit ihr verbindet.
Dabei können sich allerhand Möglichkeiten eröffnen, nicht nur die durch den Schmetterlingseffekt bekannten, rational erklärbaren Konsequenzen von Ereignissen. Auch wahrlich magische Begegnungen mit transzendenten Wesen und spirituelle Erlebnisse sind die Folgen der Entfesselung des magischen Potentials.

Im nächsten Kapitel werden Sie erfahren, wie Sie Ihre magischen Potentiale öffnen und steigern können.

Zusammenfassend:
Zauberei entsteht nicht nur durch Ihre eigene magische Kraft, sie entstammt dem Sinn der Dinge und entfaltet sich durch die Verbindung von Ihnen mit der magischen Quelle. Überheblichkeit, schlechte Intentionen und falscher Zauber haben nichts mit Magie zu tun.

Seien Sie sich bewusst, dass Ihnen alle Mittel mitgegeben sind, um Ihre magische Reise zu starten. Sie müssen auf nichts warten und nichts erreicht haben, um sich der Magie öffnen zu können. Dieses Geschenk wurde Ihnen mit in die Wiege gelegt. Nutzen Sie es weise!

Den Grundstein legen

ICH ÖFFNE DIE PFORTEN DER MAGIE IN MIR

Schamanisches Arbeiten beginnt mit der Erkenntnis, dass alles miteinander verknüpft ist. Weil die einzelnen Bestandteile unserer Erde in Verbindung miteinander stehen, haben viele alltägliche Dinge auch eine größere Bedeutung, als wir ermessen können. Das gilt für unsere Natur, unsere Kultur, aber auch für die einzelnen Begegnungen, die uns widerfahren. Schamanische Magie macht sich diese Verbindung zunutze. Man spricht hier auch von „grünem Zauber". In grünem Zauber entfalten sich die Wirkkraft dieser Verbindungen und die spezielle Rolle der einzelnen Bestandteile der Natur.

Natur und Lebewesen im Schamanismus

Die Natur und all ihre Lebewesen sind von höchster Bedeutung für schamanisches Arbeiten. Dazu gehören auch alle im weiteren Sinne „biologischen" Bestandteile unserer Umwelt. Da wäre der Mensch, der in seiner Interaktion mit den Lebewesen um sich herum zu näherem Kontakt mit dem Universum gelangen kann, Tiere, die auf Erden, aber auch auf schamanischen Reisen eine bedeutende Rolle einnehmen können, Pflanzen, deren Heilkräfte in der schamanischen Heilung genutzt werden, und alles, was Materie ist. Aber auch alle Arten von Mikroorganismen, das Wasser als Lebensquelle und die Mineralwelt sind unabdingbar für unser gemeinsames Bestehen. Sie gestalten das Fundament, auf dem wir wandeln, bilden und formen die Landschaften, die wir begehen, und schaffen den Grund für unser Leben und alles, was darin geschieht.

Nicht zuletzt spielen auch die feinstofflichen Wesen eine Rolle – also all jene Wesen und Lebensformen, die für uns unsichtbar sind, allerdings dennoch existieren. Schamanen, die grüne Magie anwenden, verschließen sich nicht vor der Möglichkeit solch existenter Formen. Für sie ist alles möglich, während die anderen Menschen eine eingeschränkte Sicht auf die Dinge dieser Welt haben. Das sehen wir schon an den kleinsten Unterschieden zwischen Mensch und Tier: So können Hunde Gerüche wahrnehmen, die uns verschlossen bleiben. Einige Vögel können Farben sehen, die außerhalb unseres Sichtspektrums sind. Fledermäuse können sogar Schallwellen zur Kommunikation nutzen, derer wir uns gar nicht bewusst sind. Grüne Magie bezieht das ganze Universum mit all seinen Facetten ein – also auch die Bereiche, die außerhalb unserer Wahrnehmung und Vorstellungskraft liegen. Die Welt im Naturschamanismus setzt sich somit aus folgenden Bestandteilen zusammen:

Bestandteile der Welt

- Mikroben und Mikroorganismen – bestimmen über Leben und Zersetzung des Lebens (u. a. auch den menschlichen Stoffwechsel)
- Pflanzenwelt – inklusive ihrer großen Vielfalt, ihrer Bedeutung und ihrem Ursprung
- Tierwelt – Artenreichtum und Bestimmung
- Menschenwelt – die bisher komplexeste grobstoffliche Lebensform
- Mineralienwelt – Mineraliensteine sind ebenfalls Lebewesen, da sie entstehen und vergehen
- Kosmos – die Erde als Ganzes ist ebenfalls ein Lebewesen und kann daher auch vergehen
- Feinstoffliches Leben – Naturgeister, Feen, Elfen, Kobolde und vieles mehr

Die Oberfläche der Erde, des Wassers, der Luft und des Bodens ist mit Lebewesen beseelt – und zwar durch Menschen, Tiere und Pflanzen.

Was hat das jetzt aber alles mit Magie zu tun? Aus dem Zusammenspiel des Kosmos und der Erde, den Lebensformen der Erde mit seinen Elementen, der grobstofflichen mit der feinstofflichen Welt ergeben sich allerhand magische Potenziale, die Sie im Alltag erkennen und sogar für sich nutzen können. In diesem Kapitel lernen Sie, wie Sie für diese magischen Potenziale im Alltag sensibilisiert werden können.

WIR ALLE TRAGEN MAGIE IN UNS – LERNEN SIE, SIE ZU NUTZEN

Im vorangegangenen Kapitel haben Sie bereits einen der faszinierendsten Effekte des irdischen Lebens kennengelernt: den Schmetterlingseffekt, der uns zeigt, wie alles miteinander in Verbindung steht. Während sich die Konsequenzen des Schmetterlingseffektes im Alltag nur erahnen lassen, können Sie anhand vieler anderer kleiner Begebenheiten die magischen Effekte unseres Kosmos beobachten.

Von Natur aus sind Sie mit der größten aller gegebenen Fähigkeiten ausgestattet: Ihrer Intuition. Diese Intuition erlaubt es Ihnen, abseits der für Sie rational erklärbaren Dinge Entscheidungen zu treffen. In Ihrer Intuition erfahren Sie die Magie Ihres eigenen Bewusstseins, Ihres Könnens und Ihrer Verbindung zur Welt.

Intuition – Was ist das?

Vielleicht haben Sie so etwas auch schon einmal gesagt: „Ich verlasse mich lieber auf meine Intuition!" Oder Sie haben schon beim Einkaufen eine „intuitive" Entscheidung getroffen. Was bedeutet dieses Wort für Sie? Was genau ist eigentlich unsere „Intuition"?

Intuition lässt sich in etwa mit „Eingebung" übersetzen. Intuition bedeutet, eine Erkenntnis zu erlangen, ohne lange darüber nachzudenken und zu reflektieren. Sie weichen intuitiv einem Reh aus, das über die Straße läuft, wählen intuitiv das leckerste Essen aus und so weiter. Im Alltag ist es gar nicht überraschend, wie gut Sie intuitive Entscheidungen treffen – meistens baut sich diese auf einem vorhandenen Wissensschatz auf. So haben Sie gelernt, Dingen auszuweichen, die Ihren Weg kreuzen, oder Sie haben ein Essen schon so oft gegessen, dass Sie wissen, dass es Ihnen schmeckt, ohne darüber nachzudenken. Was ist aber mit intuitiven Entscheidungen, bei denen Sie nicht auf einen rationalen Erfahrungsschatz zurückgreifen können?

Vielleicht haben Sie dies oder etwas Ähnliches schon einmal erlebt. Sie begegnen dem neuen Freund einer guten Freundin und wissen intuitiv: „Irgendetwas stimmt mit dem nicht." Ihrer Erwartung entsprechend stellt sich dann heraus, dass dieser Mann Ihre Freundin betrügt. Was hat es damit auf sich?

Unsere Wahrnehmung ist viel intensiver und viel größer, als unser Wortschatz es auszudrücken vermag. Sie kann mehr Details aufnehmen, als uns bewusst ist, und mehr in den Erfahrungsschatz eingreifen, als wir formulieren können. Manche Menschen sind besonders feinfühlig und können besonders leicht Schwingungen wahrnehmen, die für andere verschlossen bleiben.

In dem obigen Beispiel könnten es zum Beispiel bestimmte Gebärden sein, die Ihr Gehirn intuitiv mit den entsprechenden Verhaltensweisen verknüpft. Vielleicht ist es die Art, wie sich dieser Mensch umschaut, vielleicht der Kragen, der etwas falsch liegt. Aus irgendeinem Grund weiß unser Gehirn aber: Obacht, da ist etwas im Busch. Ob dieser Erfahrungsschatz unser eigener ist, ein vererbter, erlernter oder weitergegebener, ist einstweilen irrelevant. Relevant hingegen ist, dass Sie *fühlen – wissen* –, dass irgendetwas nicht stimmt. Nur können Sie nicht bewusst darauf zugreifen, was es ist.

Solche Erlebnisse haben wir immer wieder als Menschen. Wir nehmen bestimmte Abzweigungen nicht, gehen anderen Menschen aus dem Weg und sagen Terminen zu, weil wir intuitiv wissen, dass etwas Gutes oder Schlechtes dabei herumkommt.

Wenn Sie bedenken, dass unsere Welt aus mehr als nur den für uns sichtbaren Bestandteilen besteht, ergibt das sehr viel Sinn. Auch wenn Sie nicht genau sagen können, warum Sie bestimmte Entscheidungen treffen, nehmen Sie unbewusst Schwingungen wahr, die Sie dazu bringen, entsprechend zu handeln. Diese Schwingungen können von Orten, Menschen und anderen Lebewesen kommen. Genau wie ein Hund

„riechen“ kann, dass ein Sturm kommt, können wir „fühlen“, dass sich etwas Ungutes zusammenbraut.

Im Schamanismus gibt es eine weitere Komponente, die diese intuitiven Verhaltensweisen erklärt. Das ist der Erfahrungsschatz, den unsere Ahnen gesammelt haben, um uns auf unserem Weg zu helfen. Sie können sich das in etwa so vorstellen:

Wenn Sie Pilze sammeln gehen, dann wissen Sie in der Regel, welche giftig sind und welche nicht – oder Sie können es zumindest anhand eines Buches herausfinden. Warum? Nun, vor langer Zeit haben Ihre Urahnen herausgefunden, welche Pilze giftig sind und welche nicht. Dieses Wissen wurde meist verbal weitergetragen bis zum heutigen Tag, an dem niemand mehr an einer Pilzvergiftung sterben muss. Genau wie dieses Wissen erhalten wurde, werden auch Heilpraktiken, Verhaltensratschläge und soziale Praktiken weitergegeben. Viele Dinge, die wir rational nicht erklären können, haben wir so erlernt, weil uns das Wissen implizit in unserer Erziehung oder sogar mit unseren Genen mitgegeben wurde. Dieser Weitergabe von Wissen wird auch auf Ihrer schamanischen Reise noch eine größere Bedeutung zukommen. Um Ihre Intuition besser nutzen zu können, können Sie sie stärken. Das ist der erste Schritt, die Magie der Welt zu entfalten. Denn sie vermag es, uns zu lehren, was wir im Grunde bereits wissen: dass es mehr gibt zwischen Himmel und Erde als das uns Bekannte.

Die eigene Intuition stärken

Viele Heilkundige lernen ihre Intuition schon sehr früh im Leben kennen. Sie haben eine intuitive „Gabe“, zu erkennen, was einen Menschen krank macht und wo seine Probleme liegen. Wo Ärzte, Angehörige und Priester jahrelange Untersuchungen brauchen, um die Ursache zu finden, brauchen diese Heilkundigen nur einen Moment. Das intuitive Wissen steht ihnen zur Verfügung, ohne dass sie darüber nachdenken müssen.

Nicht jeder, der schamanisch arbeitet, hat sofort Zugriff auf seine eigene Intuition. Wenn Sie bislang nicht oft auf Ihre Intuition vertraut haben, muss Sie das allerdings nicht daran hindern, dies künftig zu tun. Die Intuition ist etwas, das trainiert werden kann. Viele müssen Ihre Intuition erst stärken und können dann über hilfreiche Einblicke in Menschen verfügen.

Das erste intuitive Ziel, das Sie haben, ist, zu (über-) leben. Es durchströmte Sie schon vor Ihrer Geburt, als Sie im Mutterleib lagen. Das Überleben ist das, was uns alle zusammenhält, was uns intuitiv atmen lässt, an der Mutterbrust saugen lässt, uns schreien, bewegen, lachen lehrt. Dieses intuitive Grundwissen ist uns geschenkt – jeder Mensch und jedes Lebewesen verfügt darüber. Intuitives Handeln wird somit nicht bewusst erlernt, stattdessen kann man sagen, dass ein großer Teil davon *verlernt* wird, weil mit unserer wachsenden kognitiven Fähigkeit unser Vertrauen auf unsere eigene Intuition sinkt. Wir können jetzt so viel erklären und so viel in Worte fassen, dass wir eher darauf achten und vertrauen. Dabei vergessen wir, uns auf unsere Urinstinkte zu verlassen.

Das ist jedoch existentiell wichtig für uns, da die Intuition uns hilft, zu überleben, während unser Verstand uns dabei unterstützt, den Dingen in unserem Leben einen Sinn zu geben. Manchmal ist es tatsächlich sinnvoller, sich auf Ihre Intuition zu verlassen als auf Ihre Verstandeskraft.

Ihre Intuition ist eine faszinierende Gabe, denn sie kann Sie auf Pfade leiten, die Sie ohne sie nicht betreten hätten. Mit jedem Mal, das Sie sich von Ihrer Intuition leiten lassen, lernen Sie eine neue Erfahrung, eine neue Möglichkeit, sich weiterzuentwickeln. Sie werden überrascht sein, wie viele stimmige Ereignisse und Synchronizitäten auf eine intuitive Entscheidung folgen.

Übung: Die Sprache der Intuition lernen

Intuition erscheint uns als Eingebung. Achten Sie das nächste Mal darauf, wie sich Ihre Intuition bei Ihnen bemerkbar macht. Haben Sie ein besonderes Wort, das Ihnen in den Sinn kommt? „Zieht" es Sie in eine spezielle Richtung? Haben Sie bei bestimmten Dingen besondere Körperempfindungen, wie Kribbeln oder Gänsehaut? Das ist Ihre Intuition, die mit Ihnen kommuniziert. Schreiben Sie auf, wo und wann Ihnen diese Gefühle und Gedanken kommen, und lernen Sie die Sprache Ihrer Intuition besser kennen.

Die Intuition legt den Grundstein für die Wahrnehmung der Magie im Alltag. Neben dem Hören auf die innere Stimme dürfen Sie aber auch nicht vergessen, den äußeren Dingen Gehör zu schenken. Diese Fähigkeit wird durch Achtsamkeit geschärft.

Achtsamkeit und magische Potentiale

Die Intuition ist ein innerer Prozess, der auf äußere Reize folgt. Unsere Eingebung meldet sich in bestimmten Situationen und leitet uns, diese oder jene Dinge zu tun. Achtsamkeit ist ein Prozess, der uns hilft, diese Signale in unserer Umgebung wahrzunehmen. Sie macht uns offener für die Eingebungen und Zeichen, die von außen kommen und an uns gesendet werden. Achtsamkeit beschreibt den Prozess, das Gegenwärtige bewusst und möglichst wertungsfrei wahrzunehmen. Man kann sagen, dass es heutzutage einen neu wiedererwachten Trend der Achtsamkeit gibt – das Schlagwort ist in Psychologie, Heilkunde und Medien allseits präsent. Allerdings ist das Konzept schon Jahrtausende alt.

Viele Schriftsteller, Künstler und Musiker beschreiben in ihren Tagebuchaufzeichnungen, wie sie auf den immer selbigen Wegen Spaziergänge machen. Dies unterstützt sie dabei, vollständig im Hier und Jetzt zu sein. In den verschiedenen Klöstern der Welt beginnen die Mönche und Nonnen ihre Tage mit Gebeten und Meditationen. Ein Kind denkt nicht an die Aufgaben der kommenden Tage, wenn es draußen auf der Wiese spielt. All diese Verhaltensweisen kann man achtsam nennen.

Wenn Sie einmal achtsam durch Ihre Straße laufen, bedeutet das, sich ganz frei zu machen von allen Gedanken an Vergangenheit und Zukunft. Stattdessen legen Sie bewusst den Wert darauf, sich selbst und die Umgebung zu beobachten und aufmerksam für die kleinen Dinge um sich herum zu sein. Genau darin liegt die Stärke der Achtsamkeit: Sie befreit von Sorgen und Stress und hilft dabei, wertzuschätzen, was einen umgibt. Wer achtsam ist, kann deshalb einen besseren Zugang zu sich selbst und seiner Umwelt finden.

Achtsamkeit ist in dieser Hinsicht das Pendant zur Intuition: Werden Sie aufmerksamer für die kleinen Signale in Ihrer Umgebung, können Sie zulassen, dass Sie mithilfe Ihrer Intuition auf sie reagieren. Wer achtsam durch die Welt schreitet, erkennt viel öfter Chancen, Zeichen und schöne Momente, die ihm sonst entgangen wären.

Möchten Sie also magische Potentiale im Alltag wahrnehmen, wird Achtsamkeit Sie dabei unterstützen. Sie werden die Vögel zwitschern hören, das Kopfsteinpflaster unter Ihren Füßen spüren und Ihnen werden Dinge auffallen, die Sie bisher vielleicht noch nicht auf diese Weise wahrgenommen haben. Und vielleicht gehen Sie auch Wege, die Sie sonst nicht gegangen wären.

Übung: Spaziergang der Freude

Unternehmen Sie einmal einen achtsamen Spaziergang in der freien Natur. Das kann ein Wald sein, aber auch ein Garten oder ein Park.

Auf diesem achtsamen Spaziergang versuchen Sie einmal ganz bewusst, die Aufmerksamkeit auf die Dinge zu lenken, die Ihnen gut gefallen. Ihr Ziel ist es, die schönen und freudigen Dinge wahrzunehmen. Das kann alles sein, was Ihnen gefällt: ob das Wetter oder freundliche Menschen, die Bewegung des eigenen Körpers, das fröhliche Singen der Vögel oder die Knospen an den Bäumen.

Nutzen Sie zu diesem Zweck alle Sinne. Achten Sie darauf, wie sich Ihr Körper fühlt, was Sie sehen können, was Sie riechen, was Sie hören und was Sie schmecken. Auch wenn Sie den Weg gut kennen, können Sie neue Dinge entdecken.

Finden Sie etwas, das Sie erfreut, halten Sie einen Moment inne und genießen Sie das Gefühl. Freude, Dankbarkeit, Entspannung – all diese Dinge können und sollen zugelassen werden.

Sie dürfen so lange spazieren, wie Sie möchten. Bevor Sie den Spaziergang beenden, nehmen Sie einmal kurz wahr, wie es Ihnen geht und wie sich Ihre Stimmung wandelt, wenn Sie mit dem Ziel der Freude unterwegs sind.

MAGIEZEICHEN IM ALLTAG WAHRNEHMEN

Wenn Sie Ihre Intuition trainieren und achtsam durch die Welt schreiten, werden Ihnen immer mehr Zeichen einer magischen Welt begegnen. Sie werden sehen, dass alle Dinge miteinander in Verbindung stehen – und wie stark diese Verbindung sein kann, wenn Sie sie zulassen.

Wie zeigt sich also diese Magie? Besonders stark spiegelt sich die Magie in Begegnungen, Tieren und anders gestalteten Zeichen wider. Wahrscheinlich kennen Sie den Begriff „Zeichen des Universums". Manchmal interpretieren wir bestimmte Dinge so, als seien sie Schicksal und vorherbestimmt. Diese Vorherbestimmung äußert sich weniger durch eine Macht, die alles schon vorher bestimmt hat, sondern zeigt sich vielmehr durch eine starke Verbindung, die wir willentlich eingehen, halten und schätzen. Wie sich diese Verbindungen zeigen und was sie für Sie bedeuten, möchten wir Ihnen einmal anschaulich erklären.

Begegnungen

Kennen Sie das? Sie haben ein bestimmtes Thema im Kopf, das Sie nicht mehr loslässt. Auf einem Spaziergang durch die Stadt begegnen Sie dann scheinbar völlig zufällig einem Menschen, der genau diese Fragen in Ihrem Kopf zu lösen scheint. Ist das Zufall? Ein anderes Beispiel: Sie haben einen Freund, den Sie lange nicht gesehen haben. Dann denken Sie eines Tages ohne ersichtlichen Grund an diesen besonderen Menschen und auf einmal klingelt das Telefon – es ist genau die Person, an die Sie gerade gedacht haben! Diese Begegnungen kann man „zufällig" oder auch „schicksalhaft" nennen. Ob es das eine oder das andere ist, darüber streiten sich die Geister. Was bei diesen Begegnungen aber auf jeden Fall unbestreitbar ist, ist die faszinierende Synchronizität der Dinge auf unserer Erde.

Synchronizität ist ein Begriff, der von Carl Gustav Jung geprägt wurde. Es bedeutet das Zusammentreffen einer inneren Erfahrung mit einem äußeren Ereignis. Innere Erfahrungen beinhalten Gefühle, Träume, aber auch Visionen. Streng genommen sind diese beiden Dinge – Emotion und Ereignis – nicht kausal miteinander verknüpft. Wissenschaftlich arbeitende Menschen rationalisieren diese Korrelation als Zufall. Jung beschrieb dieses Zusammentreffen anhand einer selbst erlebten Anekdote: Einst hatte er eine Patientin, die immer wieder träumte, einen Skarabäus (Käfer) geschenkt zu bekommen. Er sah nach draußen und bemerkte, dass immer wieder ein Insekt gegen das Fenster flog. Als er dieses einfing, erkannte er, dass dies die europäische Version des arabischen Käfers war: ein Blatthornkäfer. Ob etwas diese Begegnungen bestimmt hat, ist von uns meistens nicht mit hundertprozentiger Sicherheit erklärbar. Wichtig ist daher nicht, ob es sich nachweislich um ein Zeichen gehandelt hat, sondern vielmehr, was wir aus diesen Begegnungen machen. Sie werden erstaunt sein, auf wie viele Dinge Sie stoßen, wenn Sie Ihr Herz und Ihren Verstand für diese Begegnungen öffnen.

Tiere

Anhand des Beispiels von Jung kann man erkennen, dass bedeutungsvolle Begegnungen nicht nur zwischen zwei Menschen geschehen können. Auch Tiere, Pflanzen, Steine und menschengemachte Gegenstände können eine bedeutungsvolle Komponente haben. Gerade Tieren wird im Schamanismus eine große Bedeutungsfülle zugesprochen.

Tiere haben einen anderen Zugang zu der feinstofflichen Welt, können andere Dinge wahrnehmen als wir und haben somit ein feineres Gespür. Deswegen treten sie auch häufig genau dann in Erscheinung, wenn bestimmte Dinge eintreten oder in unserer Gegenwart sind.

In vielen altertümlichen Religionen nehmen Götter die Gestalten von Tieren an. Manche Leute sagen, dass sie Ihnen damit ein Zeichen zusenden. Achten Sie einmal darauf, wer in Ihrem Alltag Ihren Weg kreuzt. Sie dürfen die Begegnungen so interpretieren, wie Sie wollen.

Welche genaue Bedeutung bestimmte Tiere für Sie haben, kann sich zwischen den Kulturkreisen stark unterscheiden. Wir beschränken uns in der folgenden Aufzählung daher auf heimische Tiere und die ihnen am häufigsten zugesprochenen Bedeutungen.

Die Katze

Bestimmt sind Sie auch schon häufiger einer Katze begegnet. Manchmal sehen wir diese anmutigen Tiere in Fenstern sitzen, an der Straße entlangschleichen oder uns sogar in den Weg springen. Einige besonders zutrauliche Katzen beschmusen einen sogar. Katzen erfreuen sich in Deutschland und Österreich besonderer Beliebtheit als Haustier, aber auch in vielen anderen Teilen der Welt haben Katzen eine spezielle Bedeutung. Das kommt nicht von ungefähr. Haben Sie zum Beispiel schon einmal bemerkt, dass die meisten Katzen einen direkt ansehen? Man sagt, dass man in den Augen von Katzen viel sehen kann. Wenn Sie das nächste Mal einer Katze begegnen, dann sehen Sie ihr direkt in die Augen. Vielleicht möchte Sie Ihnen etwas mitteilen? Begegnungen mit Katzen können vielfältige Bedeutungen haben. Ganz allgemein kann man sagen, dass sie für die Intuition, also das Bauchgefühl, stehen. Wenn Ihnen eine Katze auffällt oder auf eine besondere Art begegnet, so ist dies ein möglicher Hinweis, dass Sie mehr auf Ihr Bauchgefühl hören sollten.

Die Farbe der Katze kann ebenfalls eine eigene Bedeutung haben: So stehen weiße Katzen für Veränderungen in Beziehungen und für Fruchtbarkeit. Schwarze Katzen hingegen sind Schicksalsträger: Sie sagen vorher, dass sich etwas Besonderes in Ihrem Leben ereignen wird. Ob es gut oder schlecht ist, lässt sich nicht durch die Katze sagen. Vielleicht kennen Sie ja auch den alten Glauben, dass eine schwarze Katze, die Ihren Weg von links nach rechts kreuzt, Ihnen Unglück bringt. Diese Sorge müssen Sie nicht haben, allerdings *kann* diese Katze eine Warnung bedeuten: Achten Sie also besonders auf sich und Ihre Umgebung. Rötliche Katzen

oder braune Katzen sollen Ihnen zeigen, dass sich Ihre Spiritualität weiterentwickelt und sich eine neue Richtung für Sie eröffnet.

Die Schlange

Das Erscheinen einer Schlange ist je nach Wohngebiet in unseren Gefilden seltener als das einer Katze. Viele Menschen verbinden Schlangen noch heute mit Unglück und deuten sie als negatives Symbol. Schlangen sind allerdings sehr mit ihrer Natur und der Erde verbunden. Sie symbolisieren ganz im Gegenteil etwas Gutes, nämlich die Magie der Natur selbst. Begegnen Sie einer Schlange, nehmen Sie dies zum Anlass, sich mehr mit Ihrer Natur zu verbinden. Auch Kreativität und ein neues Aufleben der eigenen Kraft können durch die Schlange symbolisiert werden.

Der Rabe

Raben stehen für Weisheit und Wahrheit. In der nordischen Mythologie ist der Rabe der Göttervogel, er fliegt zwischen den Welten und überbringt Botschaften. Raben können einem die Augen öffnen, schlechte oder gute Kunde geben. Wenn Sie einem Raben begegnen, bedeutet das Erkenntnis. Diese Erkenntnis hat keine Wertung, sie kann für Sie sowohl schmerzhaft als auch glücksbringend sein. Allerdings nimmt sie Ihnen die Täuschung, der Sie vielleicht zuvor unterlagen. Der Rabe zeigt Ihnen, dass Ihr Geist bereit ist, diese Veränderung durchzumachen und zu akzeptieren.

Der Hirsch

Der Hirsch ist ein anmutiges Tier und ein Kämpfer. Er steht für Kraft und Eleganz. Begegnen Sie diesem Tier, dann stellt das Universum Ihnen einen Begleiter zur Seite und zeigt, dass Sie nicht alleine sind. Er soll Mut geben und Sie daran erinnern, dass Sie nicht Ihre Würde verlieren müssen. Sie können sich durch den Hirsch gestärkt den neuen Herausforderungen stellen und brauchen sich nicht zu fürchten.

Die Spinne

Obwohl Spinnen dem einen oder anderen vielleicht einen Schrecken einjagen, sind sie ein Glückssymbol. Das Netz der Spinne steht für das freundschaftliche und familiäre Netz, das Sie haben. Begegnen Sie einer Spinne, so erinnert sie Sie an einen Freund – die Begegnung mit ihm steht möglicherweise unmittelbar vor der Tür.

Der Hase

Hasen sind Vorboten des Frühlings, in dem alles neu erwacht. Sie stehen für eine gute Zukunft und für die Fülle des Lebens. Einem Hasen zu begegnen, ist ebenfalls ein Symbol für Glück. Nicht ohne Grund wurden schon in frühen Zeiten Hasenpfoten als Glücksbringer benutzt. Freuen Sie sich also, wenn Sie diesem Tier begegnen.

Die Eule

Eulen können eine Warnung darstellen: Besonders wenn sie laut schreien oder miteinander kämpfen, kann Ihnen eine große Herausforderung bevorstehen. Sie warnt Sie vor dieser bevorstehenden Aufgabe und gibt Ihnen die Zeit, sich dafür zu wappnen. Handeln Sie also in Ihrem weiteren Vorhaben überlegt. Gerade wenn Sie mit Kräften außerhalb der materiellen Welt umgehen, sollten Sie jetzt Vorsicht walten lassen.

Die Eidechse

Auch Eidechsen sind Zeichen des Glücks: Eine Eidechse begegnet Ihnen, wenn Sie gesegnet und beflügelt handeln. Sie kennzeichnet außerdem die Traumwelt. Das Antreffen cincr Eidechse kann bedeuten, dass Ihre Träume eine größere Bedeutung haben und in ihnen eine größere Aussage versteckt ist. Schreiben Sie also die nächsten Träume auf und versuchen Sie, herauszufinden, was es bedeuten könnte. Es könnte Ihnen auf Ihrer weiteren Reise helfen.

Die Libelle

Libellen werden oft in Verbindung mit Feen gebracht. Sie schillern in bunten Farben und zeigen uns die Magie des Lebens.

Auch sie sollen Sie daran erinnern, dass Sie in der Natur leben und mit ihr in Verbindung stehen. Außerdem erinnern sie Sie daran, dass auch Sie Magie in sich tragen und Sie sich mit dieser in Verbindung setzen können.

Der Marienkäfer

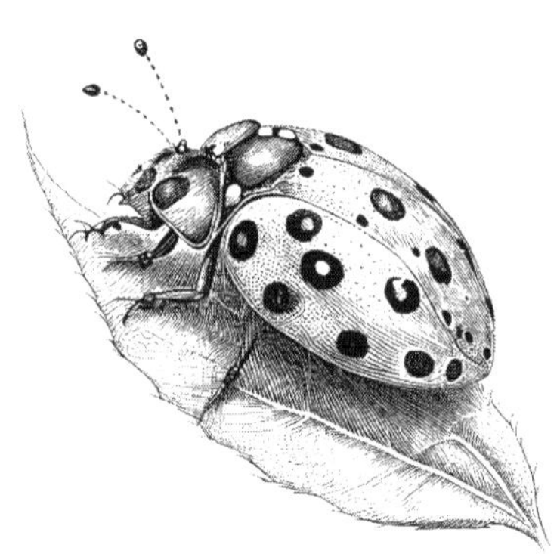

Der Marienkäfer gilt bis heute allgemein als Glückssymbol. Mut und Freude werden mit ihm in Verbindung gebracht. Einem Marienkäfer zu begegnen, bedeutet, dass große Freude bevorsteht. Nicht ohne Grund lieben Kinder den kleinen Käfer – sie können spüren, dass mit ihm Glück und gute Laune in ihr Leben kommen.

Zeichen

Begegnungen mit Menschen und Tieren können als ein Zeichen vom Universum verstanden werden. Im Alltag werden Ihnen aber noch allerhand anderer Zeichen begegnen. Diese kommen ungefragt oder Sie können sie auch erbitten. Dazu gehört jedoch auch Vertrauen und die Fähigkeit, zu akzeptieren, wenn ein Zeichen auf sich warten lässt.

Übung: Ein Zeichen erbitten

Diese kleine Übung wird Ihnen helfen, sich mit dem Universum in Verbindung zu setzen. Überlegen Sie sich dazu ein Zeichen, um das Sie das Universum bitten. Belassen Sie es zunächst bei etwas Kleinem, zum Beispiel der Begegnung mit einem Symbol. Nehmen Sie sich einen Moment Zeit und formulieren Sie den Wunsch an das Universum.

Zum Beispiel: „Bitte sendet mir als Symbol Sterne."
Achten Sie die nächsten Tage darauf, ob Ihnen das Symbol vielleicht etwas häufiger als üblich begegnet. Sie können auch eine Frage an das Universum formulieren und schauen, ob Ihnen scheinbar zufällig eine Antwort begegnet.

Das Herz fragen

Auch über unser Herz können wir Zeichen des Universums empfangen. Da Sie ein Teil des Universums sind, ist auch Ihr Körper mit dem Rest des Universums verbunden. Er hat die Fähigkeit, Ihnen die richtigen Signale zu senden und Sie auf sie aufmerksam zu machen. Das Herz gilt als Sitz der Seele und stellt somit einen besonderen Verbindungspunkt Ihres Körpers mit Ihrer Seele und den Energien des Universums dar.

Um zu lernen, auf Ihr Herz zu hören, können Sie Ihrem Herzen ein paar einfache Fragen stellen:

- „Möchte ich eine Pause machen oder sollte ich weiterarbeiten?"
- „Wie fühle ich mich gerade mit diesem Menschen? Tut er mir gut?"
- „Soll ich heute zu Fuß gehen oder das Rad nehmen?"

Schließen Sie dabei kurz die Augen oder legen Sie die Hand aufs Herz. Hören Sie auf die erste Antwort, die aus Ihrem Inneren kommt. Diese intuitive Antwort kommt von Ihrer Seele und nicht von Ihrem Verstand.

Sie können auch Ihre Hände befragen. Dies geht besonders gut bei bevorstehenden Entscheidungen. Nehmen Sie dazu Ihre beiden Hände und winkeln Sie Ihre Arme im rechten Winkel zu Ihrem Körper an. Geben Sie jeder Hand stellvertretend eine Antwort auf Ihre Frage. Das kann zum Beispiel die linke Hand für „Ja" und die rechte für „Nein" sein. Sie können aber auch jeder Hand eine Option geben („Soll ich ... oder ...?"). Stellen Sie Ihren Händen die Frage und achten Sie darauf, welche Hand schwerer wird. Dies ist die Entscheidung, die für Sie in diesem Moment richtig ist.

Vertrauen lernen

Am Anfang fällt es Ihnen vielleicht noch schwer, auf die Wirkkraft der Zeichen und Begegnungen zu vertrauen. Nach und nach werden Sie jedoch lernen, leichter auf Ihre innere Stimme und die Zeichen des Universums zu hören. Stressen Sie sich nicht mit der Entwicklung Ihrer Intuition. Wenn Sie ein Mensch sind, der sehr auf seinen Verstand hört, wird es wahrscheinlich ein wenig länger dauern, bis Sie sich mit dieser Handlungsweise anfreunden. Stress ist der größte Feind der Intuition. Setzen Sie sich also nicht unter Druck und seien Sie freundlich und nachsichtig mit sich selbst. Anfangs gehen Sie vielleicht nur kleine Schritte und das ist auch völlig in Ordnung so. Versuchen Sie so gut wie möglich, mehr Entspannung in Ihren Alltag zu bringen. Im späteren Kapitel stellen wir Ihnen auch nochmals einige Meditationen und Achtsamkeitsübungen zur Verfügung, mithilfe derer Sie Entspannung und Vertrauen erlernen können.

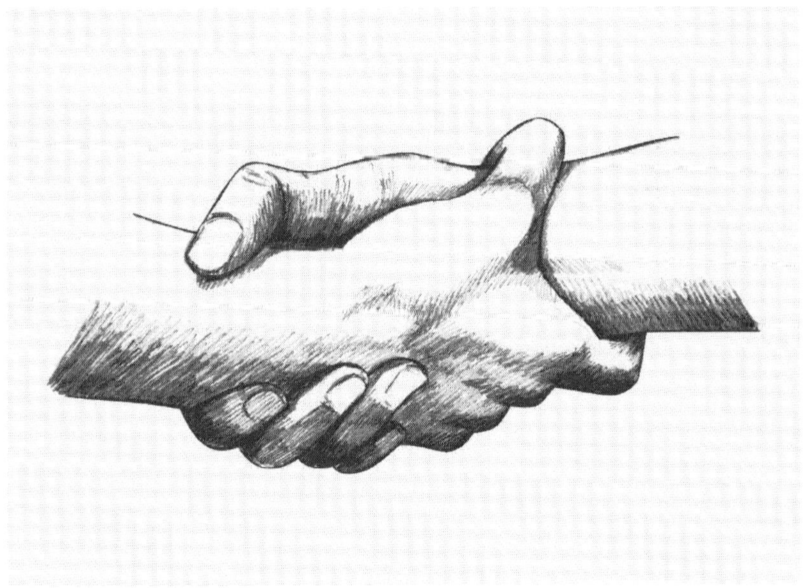

MAGISCHE SYMBOLIKEN

Obwohl unsere Erde ein faszinierender Komplex verschiedener feinster Bestandteile ist, gibt es doch große Konzepte, die uns einen. Wie die von Jung beschriebenen Archetypen gibt es auch Symbole, die in fast jeder Kultur vorkommen und dort eine spezielle Bedeutung haben. Einige dieser Symboliken werden auch noch heute für rituelle Magie eingesetzt oder nehmen eine große Bedeutung in der Landeskultur ein. So identifiziert man die drei großen abrahamitischen Religionen Judentum, Christentum und Islam auch heute noch mit dem Davidstern, dem Kreuz und dem Sichelmond.

Bestimmte Symboliken sind besonders alt und somit universell fast überall auf der Welt bekannt. Auch Sie sind diesen Symbolen sicher schon einmal begegnet. Vielfach werden die alten Symbole heute noch als Schmuck getragen oder zur Dekoration genutzt, ohne dass den Menschen bewusst ist, welche magische Bedeutung sie haben. Wir möchten Ihnen daher an dieser Stelle die bekanntesten magischen Symbole und ihre Bedeutung vorstellen.

Glaube und Symboliken

Viele Personen bringen auch heute noch bestimmte Symbole mit Hexentum und falschem Aberglaube in Verbindung. Das kommt nicht zuletzt durch ihre traditionelle, rituelle Verwendung. Ein Symbol an sich kann Ihnen aber nicht schaden – ganz im Gegenteil sollen die meisten Symbole Ihnen sogar Schutz gewähren. An die Wirkkraft eines Symbols zu glauben, ist kein bloßer Aberglaube. Natürlich kann ein Symbol aus Holz Sie nicht automatisch schützen oder Ihnen schaden. Die Schutzkraft des Symbols geht mit Ihrem Glauben an das Symbol einher und mit der Kraft, die dieses Symbol in der Verbindung mit Ihnen hat.

Ein einfaches Beispiel: Viele Menschen sind bestürzt, wenn sie ihren Glücksbringer verlieren. Sie denken, damit gehe Unheil einher. Der

Glaube allein kann sich auf die Psyche auswirken: Die Person ist gestresst und wahrscheinlich auch traurig. Mit diesem Bewusstsein verbringt sie dann ihren Alltag. Es ist davon auszugehen, dass sich diese Gemütslage auch auf die weiteren Handlungen und Erlebnisse dieser Person auswirkt.

Das Tragen eines Glücksbringers hingegen kann einem Selbstbewusstsein geben – allein schon dadurch, dass man daran glaubt. Sieht man sich die Tatsachen also an, so wird man feststellen, dass selbst ein vermeintlich „bedeutungsloses" Symbol einem Menschen Sicherheit und Kraft geben kann, lediglich weil die Person daran glaubt. Sicherheit und Kraft sind wertvolle Eigenschaften, die uns in unserem Leben weit bringen können. Eine selbstbewusste Person wird ganz andere Dinge erreichen können als eine traurige und unsichere Person. Das vermeintlich bedeutungslose Symbol hat also tatsächlich eine Bedeutung und Wirkkraft, da es diese realen Eigenschaften in einem Menschen hervorrufen kann.

Die wichtigsten magischen Symbole

Der Glaube ist eine wichtige Komponente in der Wirkkraft von Symbolen. Ungeachtet dessen gibt es aber einige Symbole, die sowohl in der Vergangenheit als auch heute noch eine sehr große Tragweite haben. Denken Sie zur Verbildlichung dessen noch einmal an die Pilze. Sie können heutzutage die giftigen von den nicht giftigen Pilzen unterscheiden, weil Ihre Vorfahren dieses Wissen erprobt haben. Genauso können die gängigsten magischen Symbole auf eine Bandbreite von Forschungen und Erfahrungen zurückblicken und haben eine sehr, sehr lange Geschichte hinter sich.

Allerdings verändert sich die Bedeutung bestimmter Symbole im Laufe der Geschichte auch. Deshalb ist es schwierig, jedem Symbol eine exakte Bedeutung zuzuordnen. Allen nachfolgend vorgestellten Symbolen ist allerdings eine große Wirkkraft gemeinsam.

Der Kreis

Der Kreis gilt als Symbol der Einheit und der Ganzheit. Kreise werden oftmals in Form von Schutzkreisen genutzt, um magische Energien zu bündeln und negative Energien fernzuhalten. Auch Kreissymbole sollen wie Schutzschilde wirken und negative Energien von dem abwenden, was sie umschließen. In vielen Kulturen findet man auch die Anordnung von Städten, Druidenzirkeln oder anderen rituellen Stätten in Form eines Kreises.

Das Dreieck

Die Drei ist in vielen Religionen und Kulturen eine besondere Zahl. Das Dreieck ist ähnlich wie der Kreis eine sehr ausbalancierte Form. Durch seine drei gleich langen Seiten bildet es eine Trinität ab, die in sich ausgeglichen ist. Außerdem symbolisiert das Dreieck das Feuer. Dreiecke werden vor allem für Beschwörungen verwendet, wofür sie auf einen Tisch oder auf den Boden gemalt werden.

Die Spirale

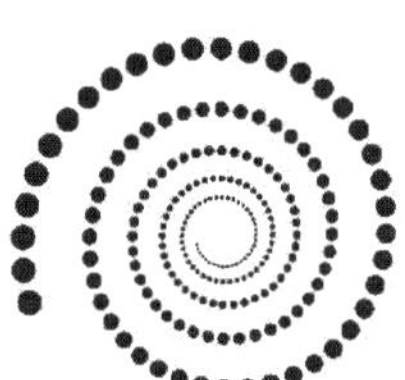

Die Spirale beginnt an einem zentralen Punkt und windet sich von dort aus nach außen. Meistens verläuft die Spirale auf Abbildungen im Uhrzeigersinn. Die Spirale symbolisiert die Reise des Lebens und das Wachstum. Besonders in der Antike hat man die Spirale auf vielen Schnitzereien und Kunstwerken gefunden. Sie kann auch als Symbol der Jahreszeiten und von Sonne und Mond verstanden werden. Spiralen sind somit ein Ausdruck von Transformation. Daher wird die Spirale oft als Symbol genutzt, um positive Veränderungen zu bewirken.

Das Pentagramm

Ein Pentagramm ist ein fünfzackiger Stern, der von einem Kreis umgeben ist. Der Stern kann sowohl auf einer als auch auf zwei Spitzen stehen. Ersteres nennt man auch „invertiertes" Pentagramm. Viele Menschen verbinden besonders das invertierte Pentagramm mit dem Satanismus. Tatsächlich übernahmen die Satanisten das Pentagramm erst im 21. Jahrhundert als ihr Symbol. Schon viele Jahrhunderte zuvor wurde das Pentagramm in religiösen und spirituellen Ritualen ohne satanische Natur genutzt. Auch der Geheimbund der Freimaurer schmückte sich mit dem Pentagramm. Im Glaube der Wicca-Religion steht das Pentagramm symbolisch für die fünf Elemente Luft, Wasser, Erde, Feuer und Geist.

Definition: Wicca

„Wicca" wird als Sammelbegriff für Gruppen verwendet, die an eine naturorientierte europäische Urreligion glauben. Naturrituale spielen eine große Rolle bei Anhängern des Wicca-Glaubens. Oftmals werden diese auch als „Hexen" bezeichnet.

Das Hexagramm

Bei dem Hexagramm handelt es sich um einen sechseckigen Stern. Das Hexagramm besteht aus zwei gleichschenkligen Dreiecken, die ineinander verschlungen einen Stern bilden. Es ist auch als der Davidstern bekannt und spielt in der jüdischen Religion eine besonders große Rolle. Im Judentum und Christentum wird das Hexagramm als Symbol des Königs Salomon verwendet. Das Hexagramm ist ein mächtiges Schutzsymbol, das auch mit den klassischen Planeten (Saturn, Jupiter, Venus, Mond, Merkur, Mars und Sonne) und dem Kosmos selbst in Verbindung gebracht wird.

Die Mondsichel

Die Mondsichel ist ein sehr altes Symbol, das in vielen Kulturen eine wichtige Bedeutung hat. Der Mond steht symbolisch für die weibliche Kraft. Er durchläuft einen Zyklus mit verschiedenen Phasen. Entsprechend bildet auch die Mondsichel den Zyklus der Natur ab und steht für Veränderung und Wandel. Sie wird deswegen gerne in Ritualen verwendet, in welchem die Anwender eine Veränderung in ihrem Leben anstreben.

Das Unendlichkeitssymbol

Das Unendlichkeitssymbol wurde schon im alten Ägypten verwendet, um das Konzept des ewigen Lebens darzustellen. Es sieht aus wie eine liegende Acht und hat weder Anfang noch Ende. Seine endgültige Bedeutung hat das Symbol spätestens im 17. Jahrhundert erhalten. Mathematiker begannen, das Symbol der ineinander verschlungenen Kreise zu nutzen, um „Unendlichkeit" mathematisch darstellen zu können. Von hier aus eroberte das Symbol auch die Philosophie und verschiedene spirituelle Strömungen. Dieses Symbol verfügt somit über die Kraft, Harmonie und Balance in das Leben eines Menschen zu bringen.

Die Eibe

Die Eibe oder auch „Eihwaz" ist eine Rune aus dem nordischen Runenalphabet. Sie sieht aus wie ein leicht geneigtes Z. Eihwaz soll die persönliche Kraft stärken und Hindernisse überwinden können. Diese Rune steht für Wissen, Weisheit und Wandel und wurde vielfach verwendet, um gegen feindliche Angriffe gewappnet zu sein.

Das Ankh

Das Ankh kommt aus dem alten Ägypten. Es Ankh besteht aus einem Kreuz mit einer Schlaufe am oberen Ende und kann in ägyptischen Kunstwerken oft in den Händen der Götter entdeckt werden. Das Ankh ist ein sehr altes Symbol, seine Ursprünge reichen bis zu 2500 Jahre zurück. Es wurde auch als Quelle heilender Energie gesehen und zum Schutz als Amulett getragen. Außerdem symbolisiert es Unsterblichkeit.

Die Hand der Fatima

Die Hand der Fatima oder auch HAMSA ist ein mächtiges magisches Symbol, das über verschiedene Religionen hinweg Verwendung findet – darunter die monotheistischen Religionen Islam, Judentum und Christentum. Die Hand der Fatima sieht aus wie eine Hand, die ein Auge in ihrer Mitte trägt. Sie soll vor dem „bösen Blick" schützen. Der böse Blick ist ein Fluch, der durch einen Blick, der in böser Absicht geworfen wurde, ausgelöst wird. Die Hand der Fatima symbolisiert zudem Freude, Glück und Wohlstand.

Die Triquetra

Das Symbol Triquetra lässt sich bis ins alte Keltentum zurückverfolgen. Sie besteht aus drei verbundenen Kreisbögen, die ineinandergreifen und drei Spitzen sowie einen inneren Kreis bilden. Ihre Bedeutung kann unterschiedlich beurteilt werden. Im Christentum wird sie als Dreifaltigkeitssymbol verstanden, während die alten Heiden sie mit den Elementen Erde, Wasser und Luft in Verbindung brachten. Das Triquetra-Symbol bringt Schutz und Einheit. Es kann Gleichgewicht und die Verbundenheit der Dinge darstellen. Ähnlich wie die Hand der Fatima soll sie eine kraftvolle Macht gegen das Böse haben und ihren Träger davor schützen können.

Zahlen

Auch Zahlen können eine magische Bedeutung haben. Dabei begegnen wir Zahlen im Alltag immer und immer wieder, ohne dass wir uns dessen immer bewusst sind. Wir schauen auf die Uhr, wie spät es ist, zählen unsere Kilometerzahl beim Joggen oder fragen eine neue Bekanntschaft nach ihrem Geburtstag. Die magische Bedeutung der Zahlen ist ein Mysterium für sich und fasziniert schon seit Jahrhunderten Menschen aus den verschiedensten Gründen. Zahlen haben oft eine versteckte Bedeutung in Geheimbunden oder sensiblen Schriften. Die Welt der Zahlen ist so groß, dass wir uns auf die wichtigsten spirituellen Bedeutungen in unserem Kulturkreis beschränken wollen. Hier gibt es natürlich auch Überschneidungen mit der Bedeutung der Zahlen in anderen Kulturen und Religionen.

ZAHL	BEDEUTUNG
0	Anfang, Ewigkeit, die göttliche Quelle bzw. die Quelle von allem, was ist, das universelle Bewusstsein, Vollkommenheit, aber auch Leere
1	Erneuerung, Neubeginn und göttliche Kraft
2	Dualität und deren Ausgleich, Gegensätze und deren Vereinigung, Harmonie, Widerspruch, zwei Hälften eines Ganzen
3	Glück und Erfolg, die göttliche Führung, die Dreiheit (Ober-, Unter- und Mittelwelt) und Dreifaltigkeit (Vater, Sohn und Heiliger Geist bzw. Körper, Geist und Seele), die Kreativität
4	vier Jahreszeiten, vier Elemente, vier Mondphasen (Wandel), Aufbau eines soliden Fundaments, Struktur, Stabilität
5	Abenteuer, Freiheit, natürliche Magie, Veränderung und Vielfalt
6	Gleichgewicht und Harmonie, Bedingungslosigkeit, Fürsorge und Verantwortung

7	eine heilige Zahl: vielfach verehrt und als lebensgebend angesehen, sie steht aber auch für innere Weisheit und Spiritualität
8	doppeltes Glück, Leben nach dem Tod, Unendlichkeit, Erfolg, Fülle und materieller Wohlstand
9	Abschluss, Vollkommenheit, Vollendung, spirituelles Wachstum

Die Verwendung magischer Symbole

Da die meisten der vorgestellten Symbole auf eine jahrtausendalte Geschichte zurückgreifen können, hat sich ihre Bedeutung den jeweiligen Kulturkreisen angepasst. Über die Jahre hinweg wurde ihre Verwendung ebenfalls angepasst und verändert. Wie und wann Symboliken ihre größte Kraft entfalten können, wird zuweilen diskutiert. Einige Schutzsymbole, wie die Hand der Fatima, sollen so stark sein, dass es reicht, sie als Symbol darzustellen (z. B. als Amulett zu tragen). Andere Symbole entfalten ihre Wirkung meistens erst dann, wenn sie rituelle Anwendung finden – wie beispielsweise der Kreis, der erst als Schutzkreis eine große Wirkung zeigt.

Auch wenn es Überschneidungen in den Sinngehalten der Symbole gibt, kann sich ihre Bedeutung in der Praxis unterscheiden. So drücken mehrere Symbole Wandel, Unsterblichkeit und Schutz aus, jedoch ist es vom Kontext abhängig, welches Symbol wann am besten eingesetzt wird.

Die größte Kraft entfalten die Symbole allerdings durch den Glauben an sie. Im Prinzip ist ein Symbol nichts anderes als die Verbildlichung eines Konzeptes. Das Verständnis dieses Konzeptes ist daher viel wirkungsvoller, als jedes Symbol auf sich allein gestellt sein könnte. Anders gesagt: Ihr Verständnis vom Kreis als Schutzschild ist wichtiger als der tatsächlich gemalte Kreis auf dem Boden.

Einem Symbol wie einem Talisman eine bestimmte Bedeutung zu verleihen, ist keineswegs dumm oder abergläubisch. Sie manifestieren

damit den Wunsch nach Sicherheit und Glück. Besondere Bedeutung tragen daher jene Symbole, die uns als Geschenk zukommen. Sie entfalten ihre Kraft nicht nur durch ihre Symbolkraft und Ihren Glauben, sondern auch durch die Liebe, die der Schenkende Ihnen damit entgegengebracht hat. Symbole können uns Sicherheit verleihen. Diese Sicherheit macht uns gelassener im Alltag und ermöglicht uns allein schon deshalb ein besseres Leben.

Wenn Sie sich für die tiefere Bedeutung der einzelnen Symbole interessieren, lohnt es sich, im Alltag einmal darauf zu achten, wann und wie oft Ihnen welches Symbol begegnet. Sie werden erstaunt sein, wie oft wir ihnen über den Weg laufen. Wann immer Ihnen ein besonderes Symbol begegnet, halten Sie kurz inne und fragen Sie sich: Was bedeutet dieses Symbol gerade für mich? Passt es in meine aktuelle Lebenslage? Was kann es mir mitteilen? Welche Bedeutung kann ich daraus ziehen?

GRÜNER ZAUBER

Eingangs erwähnten wir bereits, dass es sich bei der schamanischen Form von Magie um sogenannten „grünen Zauber" handelt. Als schwarze Magie bezeichnet man Beschwörungen, die einem Menschen schaden sollen. Weiße Magie beschreibt Rituale, die einen positiven Effekt erwirken sollen. Grüner Zauber oder grüne Magie hingegen beschränkt sich nicht auf Rituale oder Beschwörungen. grüne Magie geschieht im Alltag. Grüner Zauber beschreibt eine Praxis, die nicht außerhalb unseres Lebens, sondern mittendrin stattfindet. Er ist eine ganzheitliche Form von Magie im Einklang mit der Natur.

Grüner Zauber entfaltet sich durch das Eintauchen in die grobstoffliche und feinstoffliche Welt unseres Kosmos. Anders als weißer oder schwarzer Zauber greift der Zauber nicht auf die Beschwörung von Geistern zurück, sondern legt in erster Linie Wert auf Harmonie und Balance. Zwar kann man auch mit grüner Magie Naturgeistern begegnen oder sie zur Hilfe rufen, allerdings entfaltet sich der Zauber schon alleine durch die Verbindung mit dem Universum.

Das Ziel des grünen Zaubers umfasst in erster Linie Heilung, Gleichgewicht und Harmonie. Am Anfang dieses Kapitels haben Sie die Protagonisten des grünen Zaubers bereits kennengelernt: die einzelnen Bestandteile unseres Universums, also Mikroorganismen, Pflanzen, Tiere, Steine, der Mensch selbst, die Erde als solche und der Kosmos. Man kann diese Protagonisten in Kategorien einteilen: die Erde (als Planet), die Menschen (als Bewohner) und das Subjekt, das Ich (Sie selbst). Ziel eines solchen schamanischen grünen Zaubers ist es also, Harmonie auf und mit der Erde, mit deren Bewohnern und mit sich selbst herzustellen. Wie Sie bereits erfahren haben, wirkt die Natur nicht nur auf uns, sondern wir auch auf sie. Durch unseren Umgang mit der Erde können wir zu ihrer Harmonisierung beitragen. Genauso gilt es, ein harmonisches Umfeld zwischen den Menschen und mit allen anderen Erdbewohnern zu bewirken. Das kann mittels Liebe und innerer Ruhe erreicht werden. Letztlich ist es auch das Ziel, mit sich selbst Frieden zu finden. Das beinhaltet, dass Sie sich Ihrer eigenen Ziele und Hindernisse bewusst werden, diese akzeptieren und dann die Energien und Fähigkeiten so gut wie möglich verteilen und einsetzen.

Diese Reise zu sich selbst kann durchaus etwas holprig werden, denn es fällt den meisten Menschen schwer, ihr „wahres Ich" zu akzeptieren. Das „wahre Ich" ist nicht die Person, die Sie gerne wären oder versuchen, zu sein, sondern der Mensch, der Sie tatsächlich sind. Der Blick auf die eigenen Schattenseiten kann Ihnen helfen, diese zu überwinden und in sich selbst Gleichklang und Harmonie zu schaffen. Dadurch werden auch Ihre eigenen Energien ausbalanciert und kommen wieder ins Gleichgewicht.

Bei grünem Zauber steht somit nicht im Vordergrund, das Bestehende zu verändern, sondern mit ihm in Einklang zu gelangen. Aus diesem Einklang heraus können positive Veränderungen eintreten. Mit

anderen Worten: Wenn Sie jemandem freundlich und herzlich begegnen, wird dieser Ihnen wahrscheinlich seinerseits mit derselben Freundlichkeit begegnen. Genauso wird Ihre Umwelt es Ihnen zurückgeben, wenn Sie sie mit Respekt behandeln.

Ein wichtiger Schritt darf außerdem nicht vergessen werden: Akzeptanz beschränkt sich nicht nur auf den eigenen Zustand und den der Menschen um uns herum. Die Akzeptanz erstreckt sich auch auf den Fortschritt der Zeit und Ihre aktuelle, persönliche Lebenssituation. Das inkludiert den technischen Fortschritt, obwohl er uns tendenziell von der Natur entfremdet. Sie brauchen jedoch nicht auf Ihren Computer zu verzichten, sich zurückziehen und ein abgeschiedenes Leben in einer Hütte ohne Strom zu führen. Sie können all diese Dinge beibehalten und sich dennoch mit der Natur verbinden. Denn Akzeptanz bedeutet auch, anzunehmen, dass es diese Dinge in unserer heutigen Zeit gibt. Einige Gefälligkeiten unseres modernen Lebens können wir auch gut nutzen, um uns besser in unsere Umwelt zu integrieren. Es ist viel sinnvoller, ein angenehmes Leben mit Heizung und Strom zu führen und sich in die bestehende Welt zu integrieren, als zu vereinsamen. Dadurch wird die Welt, in der Sie leben, nicht verleugnet, sondern akzeptiert. Von diesem Standpunkt aus können Sie Wege suchen, Ihre spirituelle Praxis in die aktuelle Welt zu integrieren.

Erdung

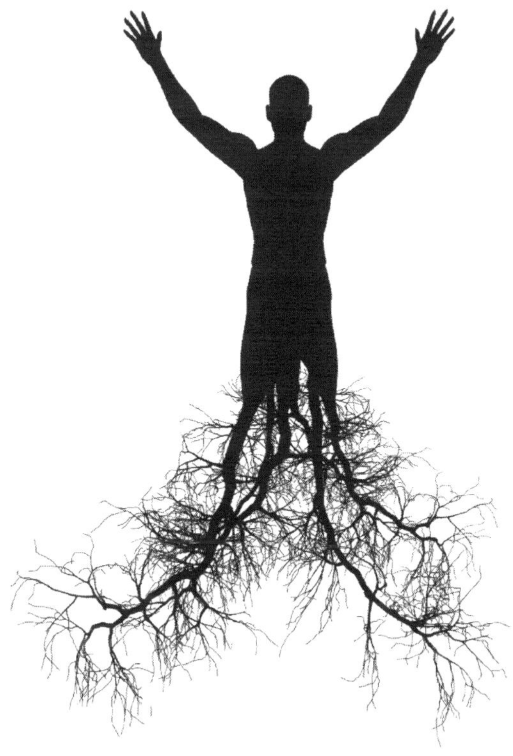

Die Erdung ist eine Übung, die Sie wieder in engeren Kontakt mit Ihrer natürlichen Umgebung bringen kann. Durch den Kontakt mit der Erde stellen Sie eine Verbindung mit der Natur und dem Kosmos her. Betrachten Sie sich selbst nicht als etwas Einzelnes, sondern als Bestandteil eines großen Ganzen. Wie ein Baum schlagen wir alle Wurzeln und nur ein stabiles Fundament kann dafür sorgen, dass Sie prächtig heranwachsen und auch im Sturm nicht den Halt verlieren. Erdung und der bewusste Kontakt mit der Erde sorgen für mehr Stabilität im Leben und im Umgang mit der Natur. Ein weiterer positiver Effekt ist eine stabilere Gedanken- und Gefühlswelt.

Haben Sie öfter Kopfschmerzen und das Gefühl, die Kontrolle über Ihre Gedanken zu verlieren? Dies kann ein Zeichen von Unausgeglichenheit sein. Auch die Gefühle von Angst und innerer Leere können darauf hinweisen, dass der natürliche Kontakt zu unserer Erde nicht mehr so stabil ist wie zuvor. Eine starke Erdung zeichnet sich hingegen dadurch aus, dass man das Gefühl hat, fest im Leben zu stehen. Wenn Sie sich sehr verbunden mit Ihrer Umgebung fühlen, kann auch dies ein Zeichen für eine gute Erdung sein. So verursachen Komplikationen nicht sofort Stress und Ihr Kopf bleibt klar und kühl. Eine verbesserte Erdung sorgt für Geborgenheit und Sicherheit und für Leichtigkeit bei der Umsetzung von Ideen.

Egal, ob Sie schon über eine gute Erdung verfügen oder diese noch ausbessern müssen, eine regelmäßige Erdung kann Ihnen sehr behilflich sein. Wenn Sie immer wieder Kontakt zur Erde herstellen, bringen Sie automatisch mehr Gleichgewicht in Ihr Leben. Es gibt viele Wege, auf denen Sie den Kontakt zur Erde wieder stärken können. Zwei Rituale wollen wir Ihnen dabei besonders herausstellen.

Sockenritual

Für dieses Erdungsritual benötigen Sie ein Paar Socken, die Ihnen vielleicht besonders am Herzen liegen und die deshalb vielleicht nicht schmutzig werden sollten. Ziehen Sie diese Socken an und begeben Sie sich an einen Ort, an dem es viel Erde gibt, etwa ein Feld. Am besten ist es, wenn Sie dieses Ritual an einem Tag durchführen, an dem die Erde schön aufgeweicht und sogar matschig ist.

Ziehen Sie nun die Schuhe und Socken aus und berühren Sie mit Ihren Füßen den feuchten Boden. Am besten gehen Sie an eine richtig matschige Stelle und gehen mit den Füßen so tief hinein, so dass Ihre Füße mit dem feuchten Boden bedeckt sind. Fühlen Sie nun ganz bewusst, wie sich die Erde auf Ihrer Haut anfühlt und wie sich Ihre Füße in den Boden graben. Atmen Sie einige Male tief ein und spüren Sie die

Verbindung zur Erde. Was fühlen Sie? Fällt es Ihnen schwer, sich in den Matsch zu stellen? Kostet es Sie Überwindung oder fällt es Ihnen ganz leicht? Die Erde ist die Grundlage für unser Leben. Wenn Sie sich vor dem Schmutz der Erde ekeln, lehnt etwas in Ihnen einen Teil dieses Lebens ab. Atmen Sie tief in Ihr Herz und fühlen Sie einmal, was durch Ihre nackten Füße zu Ihnen hochsteigt. Wenn es negative Gefühle wie Wut und Traurigkeit sind, dann lassen Sie sie weiterfließen. Sie können diese Gefühle durch Ihre Fußsohlen in die Erde schicken und Licht und positive Energie in sich reinfließen lassen. Fühlen Sie, welche Gefühle in Ihnen hochsteigen. Freude oder Kraft, Liebe oder Stolz?

Werfen Sie nun einen Blick auf Ihre Fußsohlen und spüren Sie, welche Gefühle dieser Anblick in Ihnen auslöst. Jetzt können Sie überlegen, ob Sie sich überwinden können, die Socken über Ihre schmutzigen Füße zu ziehen und wieder zurückzugehen. Wenn Sie es schaffen, sich zu überwinden, achten Sie darauf, wie sich die Erde an Ihren Sohlen anfühlt, wenn Sie in den Socken unterwegs sind. Falls es Ihnen schwerfällt, müssen Sie sich nicht dazu zwingen, die Socken anzuziehen. Ganz im Gegenteil soll dieses Ritual keine schlechten Emotionen bei Ihnen auslösen. Unabhängig davon, wie Sie sich entscheiden, werden Sie eine nähere Erkenntnis über sich selbst gewinnen. Vielleicht müssen Sie noch ein paar ungeliebte Teile in sich selbst integrieren. Lassen Sie sich Zeit und gewöhnen Sie sich daran, wieder näheren Erdkontakt zu haben.

Wenn Sie möchten, können Sie dieses Ritual auch mehrmals wiederholen und sehen, wie sich Ihr Zugang zur Erde verändert. Vielleicht fällt es Ihnen die ersten Male noch etwas schwer, sich zu überwinden, aber im Laufe der Zeit werden Sie eine Veränderung Ihrer Wahrnehmung feststellen. Achten Sie darauf, wie sich Ihr Gefühl dazu verändert, wenn sich die äußeren Umstände ändern – wenn Ihnen beispielsweise jemand zusieht oder Sie an einem ungewohnten Ort sind. Hören Sie ganz auf Ihre innere Stimme und die Energie der Erde, um sich davon leiten zu lassen – das hilft Ihnen dabei, ihr näherzukommen und Halt zu spüren.

Erdungsübung

Audiodatei 1

Begeben Sie sich an einen ruhigen Ort und stellen Sie sich aufrecht hin. Sie können dieses Ritual sowohl drinnen als auch draußen durchführen. Die Füße sollten in etwa schulterbreit voneinander entfernt sein. Atmen Sie gleichmäßig in den Raum Ihres Herzens tief ein und aus. Gehen Sie nun mit Ihrer Aufmerksamkeit zu Ihren Füßen. Visualisieren Sie einen Kreis aus Moos. Es darf dunkelgrün sein, die Farbe von Smaragd haben oder auch gern hell leuchten – ganz so, wie es Ihnen gefällt. Der Kreis soll sich nun allmählich mit grünem Moos füllen. Visualisieren Sie, wie Ihre Füße in das warme grüne Moos hineinsinken. Immer tiefer und tiefer, bis Sie im Erdinneren versinken. Dabei wird Ihnen immer wärmer, bis Sie ganz im Herzen der Erde angelangt sind. Um Sie herum ist es noch ganz grün, eine warme Farbe, die Ihnen Geborgenheit und Wärme gibt. Nehmen Sie einmal wahr, wie fest Ihre Füße mit dem Boden verbunden sind. Ihre Beine fühlen sich stark an und kräftig wie ein Baumstamm. Ihr Herz schlägt im Rhythmus der Erde, mit dem es verbunden ist. Diese Verbindung besteht über eine Säule aus moosgrünem Licht. Mit jeder Einatmung nehmen Sie moosgrünes Licht in sich auf und können es in Ihr Herz hinaufziehen. Lassen Sie dies ganz bewusst auf sich wirken und genießen Sie diesen besonderen Moment der Verbundenheit. Wenn Sie wieder zurück ins Hier und Jetzt kommen, werden Sie spüren, wie viel stärker Ihre Verbindung nun mit Ihrer Mutter Erde ist.

Die fünf Sinne

Mithilfe der Erdung können Sie sich mit der Natur und der Erde verbinden. Es gibt weitere Möglichkeiten, wie Sie eine harmonische Beziehung mit Ihrer Umwelt schaffen können. Dazu gehört auch die Arbeit mit Ihren fünf Sinnen. Um sich besser mit der Natur und den Ihnen umgebenden Menschen zu verbinden, gilt es, Ihre Sinne zu stärken. Nur mithilfe unserer Sinnesorgane sind wir Menschen ebenfalls in der Lage, die verschiedenen Feinheiten unserer alltäglichen Welt wahrzunehmen. Geschärfte Sinne geben Ihnen die Möglichkeit, sensibler auf die Welt einzugehen und so besser mit ihr in Kontakt zu treten.

Sehkraft

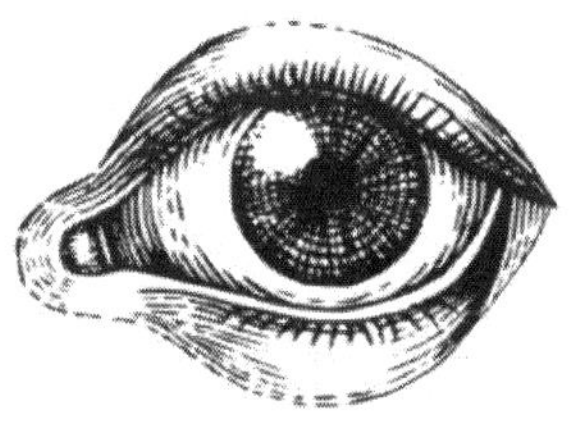

Ihre Sehkraft verhilft Ihnen, die Farben und Formen unserer Erde wahrzunehmen und wertzuschätzen. Sie ist für die meisten Menschen der wichtigste Orientierungssinn. Visualisierungen eignen sich perfekt, um die Sehkraft zu stärken. Sie können im Alltag vorgenommen oder in speziellen Visualisierungsmeditationen praktiziert werden. Am besten eignen sich dazu angeleitete Meditationen. Eine sehr beliebte Version ist beispielsweise die Wasserfallmeditation, in welcher Sie sich vorstellen, unter einen Wasserfall zu gehen und Körper und Geist reinigen zu lassen. Solche Meditationen kann man in einem Meditationskreis vornehmen, aber auch im Internet auf Videoportalen finden und alleine durchführen.

Hörsinn

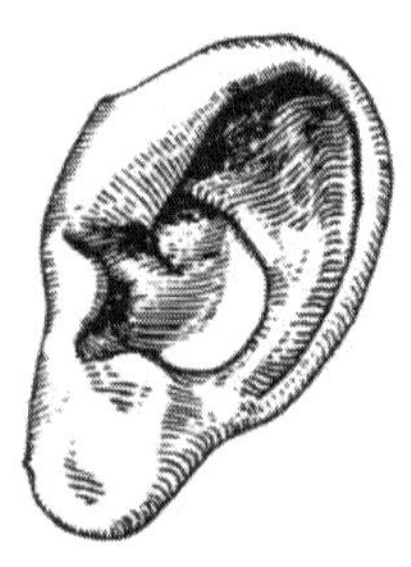

Ihren Hörsinn können Sie am besten in Form von Musik schärfen. Das geht beispielsweise mit einer Klangschale, aber auch mit dem vermehrten Spielen und Hören von klassischen Instrumenten. Eine andere, sehr effektive Form der Klangschärfung ist es, Mantras zu rezitieren. Hierbei schärfen Sie nicht nur Ihren Hörsinn, sondern erzeugen auch selbst den Klang. Achten Sie dabei darauf, wie sich die unterschiedlichen Töne anhören und wie die Vibration in Ihrem Ohr klingt. Ein beliebtes Mantra ist das „Om", das den Urklang der Schöpfung darstellen soll. Auch Singen kann einen positiven Effekt auf den eigenen Hörsinn haben.

Berührung

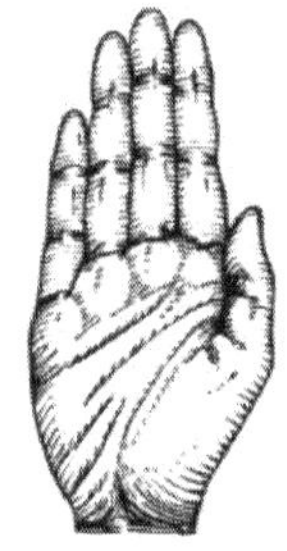

Wir berühren den ganzen Tag Dinge: ob uns selbst, wenn wir uns am Morgen das Gesicht waschen, unser Essen, das wir zu uns nehmen, oder andere Menschen und Gegenstände, denen wir begegnen. Eine gute Möglichkeit, den Berührungssinn zu schärfen, sind Mudras. „Mudra" kommt aus dem Sanskrit und bedeutet „Siegel". Mudras sind Handgesten, die verschiedene Energieempfindungen im Körper hervorrufen. Besonders bekannt ist das „Jnana"-Mudra, das ausgeführt wird, indem sich die Daumen- und Zeigefingerspitzen berühren, um einen Kreis zu bilden. Die übrigen Finger sind dabei entspannt und die Handflächen zeigen nach oben. Auch Fingerlabyrinthe, bei denen man mit dem Finger auf einem Blatt ein Labyrinth löst, sind gute und einfache Möglichkeiten, den Tastsinn zu schärfen.

Geruch

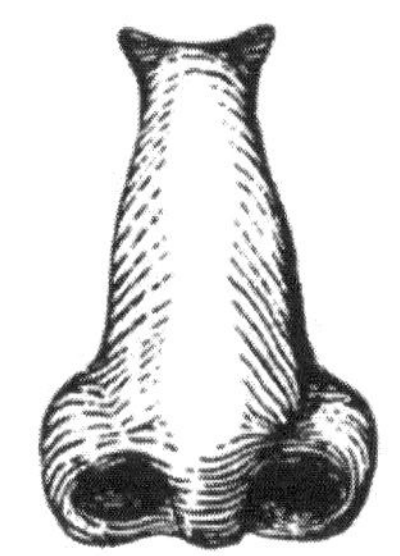

Unsere Atmung hält uns am Leben. Viele Kulturen nutzen Atemtechniken, um sich in Meditation oder Trance zu versetzen. Obwohl wir auch durch den Mund atmen können, ist unsere Nase vorrangig an unserer natürlichen Atmung beteiligt.

Über unsere Nase können wir die feinsten Gerüche wahrnehmen und verarbeiten. Um diesen Geruchssinn zu schärfen, eignet sich der Einsatz ätherischer Öle. Das kann ein Massageöl, eine Duftkerze oder Raumöl sein. Auch Räucherstäbchen eignen sich dazu. Lüften Sie vorher den Raum gut durch, so dass keine anderen Gerüche die Raumdüfte verzehren. Genießen Sie den Duft intensiv und lassen Sie sich ganz darauf ein.

Geschmack

Geschmäcker sind unterschiedlich, so sagt man. Der Geschmackssinn ist etwas ganz Persönliches und Spezielles. Er verrät uns, was wir mögen und was nicht. Wir haben unzählige Geschmacksknospen auf unserer Zunge und können daher auch zahlreiche Geschmäcker wahrnehmen.

Probieren Sie es einmal aus, indem Sie eine kleine Teezeremonie veranstalten. Machen Sie sich dazu einen guten Tee und warten Sie, bis er etwas abgekühlt ist. Dann trinken Sie ihn langsam und bewusst und warten darauf, welche Geschmäcker sich nach und nach entfalten. Welche Nuancen hat der Tee? Ist er eher süß oder bitter? Wie fühlt er sich an der einen oder an der anderen Stelle an Ihrem Gaumen an? Lassen Sie alle anderen Gedanken los und konzentrieren Sie sich ganz auf Ihren Tee.

Die vier Elemente der Natur

Die vier Elemente spielen in allen Kulturen eine wichtige Rolle. Einige Kulturen haben auch fünf bedeutende Elemente, in Japan sind es beispielsweise Holz, Metall, Feuer, Erde und Wasser. Auch Donner oder Elektrizität wird von einigen als eigenes Element angeführt. Im Naturschamanismus spricht man meistens von den vier Elementen Wasser, Luft, Erde und Feuer. Auch in der hiesigen Astrologie spielen diese Elemente eine besondere Bedeutung. Mancherorts werden die Geisteskräfte der Elemente in Ritualen und Zeremonien angerufen. In diesem Fall geht man von der Existenz von Feuer-, Wasser- und Erdgeistern aus.

Die Elemente können mit verschiedenen Konstrukten in Verbindung gebracht werden. Wie bereits erwähnt, kann sich diese Zuordnung unterscheiden. Wir beschränken uns hier jedoch wieder auf unseren westlichen Kulturkreis.

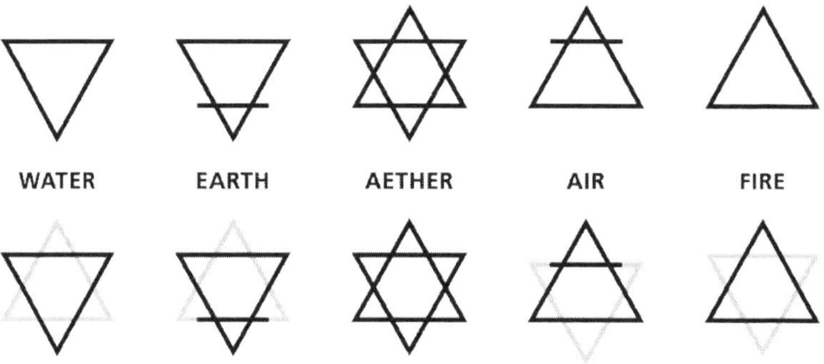

Erde

Die Erde steht für den Norden. Härte, Dunkelheit und der Winter werden der Erde zugerechnet. Aber auch der Tod spielt eine bedeutsame Rolle für das Element Erde. In den meisten Kulturkreisen ist es üblich, die Toten unter die Erde zu senken. Die Erde ist jedoch auch die „Mutter". Somit hat sie eine wärmende, stabilisierende und verwurzelnde Kraft.

Über den Wald und die Natur kann man der Erde näherkommen. Besonders Bäume, die tief in der Erde wurzeln, können uns ihre Kraft näherbringen. Ein Spaziergang, der Sie barfuß über eine Wiese oder durch den Wald führt, bringt Sie der Erdenergie am allernächsten.

Luft

Das Element der Luft wird dem Osten zugeordnet, in welchem die Sonne aufgeht. Die Luft ist Wandel und Neubeginn – sie ist unbändig, aber auch unser Lebensatem. Der Himmel wird auch als Vater bezeichnet, der uns unsere Kraft verleiht.

Um sich mit dem Element Luft zu verbinden, eignen sich am besten Atemübungen. Eine der bekanntesten ist die Wechselatmung. Sie sorgt für inneren Frieden, Zufriedenheit und Antrieb. Dazu können Sie sich in den Schneidersitz setzen und den rechten Daumen auf das linke Nasenloch legen. Atmen Sie nun vier Sekunden lang ein. Versuchen Sie, den Atem dann vier Sekunden zu halten. Schließen Sie nun mit dem rechten Ringfinger das rechte Nasenloch und lassen Sie das linke los. Atmen Sie vier Sekunden lang durch das linke Nasenloch aus. Diesen Vorgang wiederholen Sie mit der anderen Seite, insgesamt etwa 5 Minuten.

Feuer

Der Süden, in welchem die Mittagshitze brennt, steht symbolisch für das Feuer. Mit dem Feuer sind Leidenschaft und Liebe verbunden, die Farbe Rot und die Sinneskräfte. Feuer ist außerdem der Spender der Wärme und des Lichtes. Dem Feuer können Sie näherkommen, indem Sie sich in Licht und Wärme baden. Dazu taugt beispielsweise auch ein Saunabesuch. Das Beobachten der Abendsonne oder das Wärmen an einem Feuer kann Ihnen einen wohlwollenden Moment verschaffen. Jeder Raum wird wärmer, wenn man in ihm Kerzen anzündet. Nutzen Sie solche Momente, um achtsam zu sein und die wunderschöne Kraft des Feuers zu beobachten.

Wasser

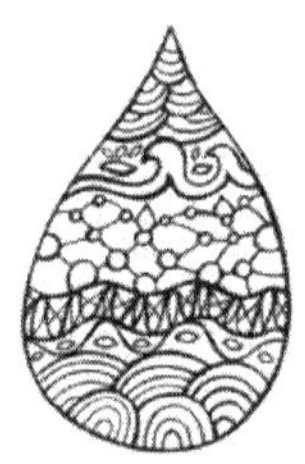

Das Wasser gehört symbolisch zum Westen. Wasser schenkt Ihnen die Zeit zum Loslassen. Es steht auch für die Ernte, den Herbst und die Fülle. Wasser hat eine unbändige Kraft, aber kann auch ruhig und still sein. Man sagt, in der Kraft des Wassers liegt die Weisheit. Wie unsere Lebensenergie hat Wasser eine fließende Bewegung. Das Wasser ist unsere Lebensquelle: Es birgt Harmonie und Gleichklang. Der Großteil der Erdoberfläche ist nicht mit Land, sondern von Wasser bedeckt.

Ein erfrischendes Bad stärkt in Ihnen die Verbindung zum Wasser. Besonders eignen sich dazu auch die Kneipp-Wasseranwendungen, die vom Pfarrer Kneipp im 19. Jahrhundert entwickelt wurden. Hierzu gehören das Wassertreten und die Armbäder. Auch das Aufsuchen von Waldbädern und heißen Quellen kann Sie näher an die Lebensquelle Wasser bringen.

Die Welt des Naturschamanismus betreten

Sie verfügen nun über alles, was Sie brauchen, um mit dem schamanischen Arbeiten zu beginnen. Die Welt des Naturschamanismus ist vielfältig und gibt Ihnen verschiedene Möglichkeiten, sich zu entfalten. In diesem Kapitel möchten wir Ihnen die Grundtechniken vorstellen, mit denen Sie Ihre schamanische Arbeit beginnen. Dazu gehören Meditation, die schamanische Reise, die Bedeutung der Pflanzenkraft und die Arbeit mit Krafttieren.

MEDITATION UND BEWUSSTSEIN

Die schamanische Arbeit wurzelt in der Verbundenheit der Dinge. Daher ist ein ausgeprägter Zugang zum Universum die beste Voraussetzung, um mit der schamanischen Arbeit zu beginnen. Die Verbindung mit der äußeren Welt, dem Universum und auch mit sich selbst können Sie über Achtsamkeitspraktiken und Meditationen erlernen und verstärken.

Achtsamkeit im Alltag kann zu einer verbesserten Wahrnehmung und Intuition führen. Meditation und Achtsamkeit können auch ein höheres Bewusstsein fördern, wenn sie regelmäßig angewandt und geübt werden. An dieser Stelle möchten wir dieses Wissen vertiefen, indem wir Ihnen einige Meditations- und Achtsamkeitsübungen näher vorstellen.

Die Meditation ist eine Form von Entspannungsübung, die Sie in einen ruhigen und ausgeglichenen Zustand versetzen kann. Im Gegensatz zur schamanischen Reise, die in tranceähnlichen Zuständen stattfindet, ist das Ziel hier nicht, visuelle Imaginationen zu erzeugen. Meditationen können mithilfe von Visualisierungen stattfinden, legen den Fokus aber vor allem darauf, im jetzigen Moment und am jetzigen Ort zu sein. Während Sie sich bei der schamanischen Reise also wortwörtlich auf Reise begeben sollen, soll die Meditation Sie mehr im Jetzt verankern. Gerade deshalb ist sie eine so gute Übung, da sie Ihren Platz in dieser Welt festigt, aber gleichzeitig die Verbindung zur Umwelt stärkt. Meditationen haben einen nachweislich positiven Effekt auf unsere psychische und körper-

liche Gesundheit. Sie können uns dabei helfen, ruhiger zu werden, bewusster die Dinge wahrzunehmen und mehr Entspannung im Alltag zu finden.

Meditationen für Anfänger

Körperscan

Audiodatei 2

Suchen Sie sich für Ihre Meditation einen ruhigen Ort, an dem Sie ungestört sein können. Schalten Sie alle Geräte aus, die stören könnten. Bei Bedarf gehen Sie für diese Meditation auch gerne in die Natur. Falls nicht, reicht es auch aus, wenn keine störenden Beigeräusche da sind. Bringen Sie sich nun in eine bequeme Position. Der Schneidersitz eignet sich dafür sehr gut. Legen Sie Ihre Hände mit den Handflächen nach oben auf die Knie oder auf den Boden und schließen Sie die Augen

Nun beginnen Sie, langsam und bewusst zu atmen. Atmen Sie dazu tief in die Brust ein, sodass sich Ihre Bauchdecke sanft hebt. Halten Sie den Atem kurz an und lassen Sie ihn dann langsam durch Nase oder Mund wieder heraus. Machen Sie dies so oft, bis Sie das Gefühl haben, ruhiger geworden zu sein. Nun beginnen Sie, in jeden Körperteil hineinzuspüren. Fangen Sie bei den Füßen an und nehmen Sie wahr, ob es Spannungen gibt. Wenn es eine Spannung gibt, dann bejahen Sie die Spannung. Akzeptieren Sie, dass diese da ist, und lassen Sie sie dann bewusst los. Nun gehen Sie weiter zu den Beinen, erst zu den Unter-, dann zu den Oberschenkeln. Spüren Sie hinein, wo Sie vielleicht verkrampft sind, und lassen Sie diese Anspannungen nach und nach los. Weiter geht es zum

Po, zur Hüfte und über Bauch und Brust in den Rücken. Schließlich gehen Sie zu den Schultern und den Armen, hin zu den Händen und enden in Hals und Kopf. Nehmen Sie bewusst wahr, wo Sie Enge und Druck spüren, und lassen Sie diese Gefühle los. Achten Sie darauf, dass Sie diese Gefühle zunächst bejahen. Erst nach der Akzeptanz kann es Ihnen gelingen, die Anspannungen loszulassen. Nehmen Sie sich so viel Zeit, wie Sie brauchen. Wenn Sie alle Körperteile durchgegangen sind, kommen Sie langsam wieder zurück und öffnen die Augen. Verharren Sie noch eine Minute in Ihrer Position und beenden Sie dann die Meditation mit einem Dank an sich selbst.

Achtsamkeit: Bewusst essen

Achtsamkeitsmeditationen lassen sich einfach in den Alltag integrieren. Eine Form der Achtsamkeitsmeditation ist der bewusste Spaziergang, den Sie bereits im vorangegangenen Kapitel kennengelernt haben. Genauso wie Sie achtsam für Ihre eigenen Körperbewegungen sein können, können Sie auch bei anderen Dingen des alltäglichen Lebens achtsam sein. Dazu gehört auch die Nahrungsaufnahme. Nehmen Sie Ihre nächste Mahlzeit einmal bewusst ein. Das Mittagessen oder das Frühstück eignet sich perfekt dafür. Bevor Sie anfangen, zu essen, fühlen Sie einmal in sich hinein: Sind Sie heute besonders hungrig? Haben Sie überhaupt Appetit? Wie geht es Ihnen, wenn Sie sich an den Tisch setzen? Legen Sie Ihre Aufmerksamkeit nun auf das Essen vor Ihnen. Riechen Sie, wie es duftet, und beobachten Sie, wie Ihr Essen aussieht, wenn Sie es zum Mund führen. Wenn sich das Essen dann im Mundraum befindet, achten Sie auf die Textur, welche feinen Geschmacksnoten Sie herausschmecken und wie sich jeder Bissen anfühlt. Das Kauen ist ein wichtiger Bestandteil der Nahrungsaufnahme, der in unserer hektischen Welt oft vernachlässigt wird. Kauen Sie daher ganz ruhig und bewusst und schlucken Sie Ihr Essen erst hinunter, wenn Sie es zur Gänze zerkaut haben. Sie brauchen nicht das gesamte Essen über achtsam zu sein. Versuchen Sie aber,

mindestens 5 Bissen auf diese achtsame Art zu sich zu nehmen. Haben Sie Ihre Mahlzeit beendet, spüren Sie kurz nach: Wie fühlen Sie sich jetzt? Wie sind Ihr Körpergefühl und Ihre Laune?

Diese Übung schafft Bewusstsein für einen der wichtigsten Vorgänge unseres Lebens – der Nahrungsaufnahme. Daneben hilft diese Übung aber auch, ein Bewusstsein für Lebensmittel zu entwickeln. Seien Sie schon bei der Auswahl der Lebensmittel achtsam und schauen Sie darauf, woher Ihre Lebensmittel kommen und was alles in ihnen enthalten ist. Am gesündesten sind nach wie vor frische Lebensmittel, die keinen langen Fahrtweg hinter sich haben und mit keinen künstlichen Zusatzstoffen oder Geschmacksverstärkern versetzt sind.

Verbindung mit dem Universum

Audiodatei 3

Legen Sie sich dazu bequem auf den Boden. Beginnen Sie, langsam ein- und auszuatmen. Achten Sie auf Ihren Atem und darauf, wie er durch Ihre Lungen fließt. Dann schließen Sie langsam die Augen. Begeben Sie sich für einen Moment in die Adlerperspektive und sehen Sie sich Ihren Körper an, wie er an diesem Ort liegt, an dem Sie sich gerade befinden. Nun gehen Sie gedanklich in Ihren Körper. Stellen Sie sich jetzt Ihre Organe vor und dann die Zellen, die sie formen. Schauen Sie genau hin, was Sie in Ihrem Körper alles finden. Vielleicht nehmen Sie die einzelnen Blutkörperchen wahr. Atmen Sie weiter ruhig ein und aus und lassen Sie Ihren Körper sich, Zelle für Zelle, mit Dankbarkeit füllen: Dankbarkeit für Ihren Körper, für Ihren Geist und für alles, was Sie am Leben erhält.

Kommen Sie nun gedanklich aus Ihrem Körper heraus und stellen Sie sich den Kosmos vor. Schauen Sie in den Himmel, wo tausende Sterne glänzen, und sehen Sie sich die Planeten an. Stellen Sie sich vor, wie Sie selbst ein Teil dieses unendlichen Universums sind. Sie können vom Weltraum aus auf die Erde zurückschauen. Danken Sie den Planeten und Sternen dafür, dass Sie auf dieser Erde leben dürfen und ein Teil von ihr sind. Kommen Sie nun langsam zurück, indem Sie Ihren Atem vertiefen. Diese Meditation hilft besonders dann, wann immer Sie sich alleine oder verloren fühlen.

DIE SCHAMANISCHE REISE

Die schamanische Reise bildet eine der größten Faszinationen im Naturschamanismus. Obwohl diese Reise von den wenigsten angetreten wird, kann sie doch jeder durchführen, wenn er möchte. Wollen Sie sich auf eine solche schamanische Reise begeben, so überlegen Sie zunächst, ob Sie dies alleine tun möchten oder lieber in einem Kreis begleitet werden

wollen. Die schamanische Reise selbst kann mit einer Traumreise verglichen werden, die in einem tranceähnlichen Zustand stattfindet, ähnlich wie bei einer Hypnose. Auf dieser Reise geht Ihr Geist durch verschiedene Welten und sammelt dort Erkenntnisse. Sie können mithilfe der schamanischen Reise sowohl die Unter-, die Ober- als auch die Mittelwelt bereisen. Auf diesen Reisen begegnen dem Schamanen verschiedene geistige Wesen. Der Schamane kann Orte bereisen, die er nie zuvor gesehen hat, und so Erfahrungen sammeln, um mehr Balance zwischen die Welten zu bringen.

Das Ziel der schamanischen Reise ist in erster Linie Erkenntnis. Diese Erkenntnis wiederum kann in der Heilung von Mensch und Umwelt eingesetzt werden. Ein weiteres Ziel der schamanischen Reise ist der Kontakt zu den geistigen Wesen, insbesondere dem Krafttier.

Schamanische Reisen finden im Trance-Zustand statt. Manchmal reicht es aus, nur in einen tranceähnlichen Zustand zu geraten, um auf eine schamanische Reise zu gehen. Wie Sie bereits wissen, äußert sich dieser Trance-Zustand in Theta-Wellen im Gehirn. Das sind jene Wellen, die in unserem Gehirn auftreten, wenn wir uns in der Traumschlafphase befinden. Anders als im Traum können Sie diese Reise jedoch steuern und auch bewusst abbrechen. Wohin Sie Ihre Reise führt, können Sie zwar nicht gänzlich bestimmen, aber Sie können immerhin entscheiden, welche Wege Sie gehen. Im schamanischen Glauben führt diese Reise Sie in die verschiedenen Welten. Sie können auf diesen Reisen nicht nur alles sehen, sondern auch mit feinstofflichen Wesen wie auch mit den Seelen der Naturelemente kommunizieren. Es ist dem Schamanen möglich, dort mit den Pflanzen, den Tieren, dem Wasser und den Steinen zu sprechen, da sie alle Leben und somit eine Seele in sich tragen. Die schamanische Reise wird aus unterschiedlichen Gründen angetreten. Erfahrene Schamanen suchen in den anderen Welten Hilfe für die Anliegen der

Menschen, die zu ihnen kommen. Zunächst aber gilt es für jeden Schamanen, selbst zu reisen und dort die anderen Welten zu erkunden.

Die vier Welten in der Schamanischen Weltauffassung

- Untere Welt, oftmals auch als Unterwelt bezeichnet
- Die alltägliche, sogenannte mittlere Welt, die unsere Realität beinhaltet
- Die nicht alltägliche mittlere Welt, welche Geister, aber auch Vorstellungen inkludiert
- Obere Welt, oftmals auch als Himmel bezeichnet

Die ersten Reiseerfahrungen sammelt der Schamane zunächst nur, um die verschiedenen Welten kennenzulernen. Auf späteren Reisen sucht er oftmals bestimmte Erkenntnisse oder Rat. Eine schamanische Reise hat darüber hinaus auch weitere positive Effekte. Sie bringt Einklang mit dem Innenleben und fördert und regt die Inspiration an. Mithilfe schamanischer Reisen können Sie Ihr eigenes Bewusstsein erweitern und auch Potential erkennen, das Ihnen zuvor verborgen war. Sie lernen, sich besser zu entspannen, und lösen Blockaden und Stress. Zu guter Letzt wird aber auch die Verbindung von Ihnen zu sich selbst und zum Universum gestärkt.

Vorbereitungen

Bevor Sie mit Ihrer ersten schamanischen Reise beginnen, sollten Sie einige Vorkehrungen treffen. Dazu gehört die Auswahl der richtigen Musik, aber auch die Umgebung, in der Sie reisen. Nicht zuletzt sollte Ihre Reise aber auch mit Ihnen als Person im Einklang stehen.

Verwurzelung

Treten Sie eine schamanische Reise nur dann an, wenn Sie sich bereit dazu fühlen. Ein wenig Unsicherheit und Sorge können Sie zwar hemmen, sind aber keine Ausschlussgründe, eine unausgeglichene Psyche oder die Einnahme von Medikamenten jedoch schon. Wenn Sie nicht stabil im Leben stehen, dann bemühen Sie sich vor Reiseantritt darum, erst einmal Ausgleich in der diesseitigen Welt zu finden. Achtsamkeitsübungen und Meditationen können dabei helfen, Sie besser im Hier und Jetzt zu verwurzeln. Je besser Sie verwurzelt sind, desto erfolgreicher können auch Ihre Reisen in die anderen Welten sein. Generell ist es empfehlenswert, die ersten Reisen nicht alleine anzutreten. Besonders wenn Sie sich über Ihren eigenen Zustand nicht im Klaren sind, lohnt es sich, mit einem erfahrenen Schamanen über mögliche schamanische Reisen zu sprechen und ihn diese Reisen anleiten zu lassen. Nach einiger Übung können Sie eine schamanische Reise dann auch alleine durchführen. Erden Sie sich dafür im Vorhinein so gut wie möglich und verzichten Sie auf jegliche Einnahme bewusstseinserweiternder Substanzen.

Die richtige Einstellung

Um auf Ihre schamanische Reise zu gehen, ist es am wichtigsten, dass Sie mit der richtigen Einstellung auf die Reise gehen und mental gestärkt sind. Dazu gehört, dass Sie sich bewusst machen, warum Sie diese Reise machen. Tun Sie es nicht, weil jemand anders es Ihnen sagt oder weil Sie Ihr Ego stärken oder sich selbst etwas beweisen möchten. Ihre Grundhaltung sollte entspannt und ergebnisoffen sein. Je mehr Erwartungen an die Reise gesetzt werden, umso schwieriger wird es für Sie, der Reiseerfahrung unvoreingenommen zu begegnen. Vor der Reise sollten Sie sich Ihrer persönlichen Absicht bewusst werden. Am Anfang geht es erst einmal darum, die anderen Welten kennenzulernen, später dann auch um ganz gezielte Heilabsichten. Es kann eine ganze Weile dauern, bis Sie die Anderswelten erkundet haben und sich auskennen.

Ort und Zeit

Einen Tag vor Beginn der schamanischen Reise sollten Sie auf Alkohol verzichten. Achten Sie auch darauf, dass Sie nur leicht bekömmliche Mahlzeiten zu sich nehmen. Suchen Sie sich einen ruhigen Ort, um Ihre schamanische Reise durchzuführen. Gemeinsames Reisen in einem Zirkel Gleichgesinnter ist wünschenswert, aber nach einiger Übung nicht notwendig. Mehrere Reisende mit einem erfahrenen Schamanen können jedoch den Vorteil mit sich bringen, vom Wissen der Vorgänger profitieren zu können. Außerdem kann auch die freigesetzte Energie die Reise erleichtern. Wenn Sie alleine reisen, sorgen Sie dafür, dass Sie sich in einem abgedunkelten Raum befinden, der vollkommen störungsfrei ist. Schalten Sie das Internet aus, das Telefon ab oder auf lautlos und am besten auch die Türklingel. Eine Schlafmaske ist übrigens auch eine empfehlenswerte Maßnahme, um die Augen abzudunkeln.

Sanfte Düfte können das Reisen erleichtern. Dazu können Sie Räucherstäbchen benutzen. Achten Sie aber darauf, nicht zu starke Gerüche zu benutzen. Diese könnten Sie während der Reise ablenken. Bei der schamanischen Reise geht es darum, die Welten zu erkunden, die außerhalb unserer Welt liegen – alles, was Sie zurück in die Gegenwart holt oder die sinnlichen Eindrücke beeinflusst, sollten Sie daher vermeiden.

Ihre Reise können Sie sowohl im Sitzen als auch im Liegen vornehmen. Nehmen Sie sich gerne eine warme Decke, damit Sie während des Reisens nicht frieren.

Trommelrhythmus

Schamanisches Reisen und der Schamanismus an sich erleben heutzutage ein Revival. Daher ist es nicht verwunderlich, dass allerhand verschiedene Musik zum schamanischen Reisen angeboten wird. Auch im Internet, auf YouTube und Spotify finden Sie solche Musik. Oftmals sind dies Trommelrhythmen, die von Wellenrauschen, Urwaldgeräuschen und teils sogar Synthesizern begleitet werden. Diese Musik taugt nicht unbedingt für eine schamanische Reise. Der wichtigste Teil der Reisemusik ist der Trommelrhythmus. Bestenfalls haben Sie einen echten Trommler bei sich, der für den Rhythmus der Reise sorgt. Dieser Trommler ist ein eingeweihter Freund, ein Familienmitglied oder sogar ein Schamane selbst. Achten Sie bei der Auswahl Ihrer Musik einerseits auf den Rhythmus und andererseits auf die Störgeräusche. Das Trommeln sollte in einer Frequenz von 3 bis 7 Hertz stattfinden, damit das Erreichen eines Trancezustandes erleichtert wird. Daneben ist es auch von großer Bedeutung, dass möglichst keine Neben- und Störgeräusche dabei sind. Synthesizer und Schreie von Tieren hören sich vielleicht für Sie schamanisch an, dies widerspricht jedoch dem Zweck der Reise, da derlei Störgeräusche die Wahrnehmung anderer Welten nur verzerren. Diese Geräusche sind Teile *dieser Welt* und lassen Sie womöglich Dinge sehen oder hören, die gar nicht zu der Welt gehören, die Sie erkunden wollen. Suchen Sie sich daher in diesem Fall am besten einen Trommelrhythmus, der nur aus Trommeln besteht, ohne Nebengeräusche und vor allen Dingen ohne Synthesizer. Wenn Ihnen ein Freund oder Bekannter hilft, ist es wichtig, in einem stetigen Rhythmus zu schlagen. Es sollten etwa 4 bis 5 Trommelschläge pro Sekunde geschlagen werden, damit eine gute Frequenz entsteht. Ihre erste schamanische Reise sollte etwa 15 bis 30 Minuten betragen und endet mit einem vorher abgemachten Trommelzeichen. Auf den meisten CDs, die für schamanische Reisen käuflich erworben werden können, ist dieses Zeichen integriert. Das Rückrufsignal besteht aus einer Veränderung des Trommelrhythmus.

Die Reise beginnt

Startpunkt und Kraftplätze

In der diesseitigen Welt starten Sie Ihre Reise in dem Raum, in dem Sie sich befinden. Sobald Sie die Augen schließen, brauchen Sie einen Eingangsort, um in die anderen Welten zu gelangen. Bei diesem Eingangsort handelt es sich um einen ganz bestimmten Startpunkt. Dieser Startpunkt sollte in der alltäglichen mittleren Welt existieren und Ihnen gut bekannt sein. Eingangsorte in die untere Welt unterscheiden sich von denen in die obere Welt. Ihr Eingangsort in die untere Welt ist am besten ein Ort, in den man durch eine Höhle oder durch das Hineinschlüpfen in die Erde gelangen kann. Höhlen eignen sich besonders gut, allerdings können Sie sich auch mental vorstellen, in das Wasser einzutauchen, wie beispielsweise ein Fluss oder ein Wasserfall. Der Ort muss so beschaffen sein, dass Sie hinein- oder hindurchgehen können. Eine weitere Möglichkeit ist, sich vorzustellen, in das Moor oder die Erde „hineinzusinken" oder sich von den Wurzeln eines Baumes in die Erde ziehen zu lassen.

Für die untere Welt gilt es, Eingänge in die Erde oder das Wasser zu finden. Für die obere Welt steigen Sie in den Himmel. Daher brauchen Sie hier einen Eingangsort, der Sie weit in die Höhe führt. Dazu eignen sich Startpunkte wie Baumspitzen, Hügel, Gipfel von Bergen, aber auch Dächer. Orte, aus denen Rauch aufsteigt – wie die schamanische Jurte –, sind ebenfalls trefflich. Hier würden Sie sozusagen mit dem Rauch nach oben in die obere Welt steigen.

Manchmal werden Eingangsorte mit Kraftplätzen im Schamanismus verwechselt. Ein Kraftplatz ist ein Ort, an dem die alltägliche, physische Welt mit der geistigen verschmilzt. An diesen Orten ist der Zugang zur geistigen Welt erleichtert. Bekannte Kraftorte haben oft eine mystische Anziehungskraft auf Reisende. Dazu gehören auch Stonehenge in England, die Skellig Islands in Irland und die Black Hills in Süd-Dakota. Es gibt allerdings auch viele andere Kraftplätze, die teilweise sehr persönlich sind.

Bei diesen Kraftplätzen spielt es vor allem eine Rolle, ob Sie selbst mit den Schwingungen in Resonanz gehen können. Plätze wie Stonehenge nennt man im Schamanismus auch universelle Kraftplätze. Die Orte, an denen Sie persönlich starke Schwingungen verspüren, werden persönliche Kraftplätze genannt.

Kraftplätze sind für bestimmte schamanische Rituale von Bedeutung, weil Sie den Zugang zu den Welten erleichtern. Ihr Eingangsort in die verschiedenen Welten muss allerdings weder der Kraftplatz sein noch müssen Sie sich wirklich an einem solchen befinden. Es kann allerdings Überschneidungen geben. Wenn Sie sich einen bestimmten Eingang in die untere Welt vorstellen, ist es durchaus möglich, dass dieser eine solche Faszination auf Sie ausübt, weil er Ihnen persönlich viel Kraft verleiht. Zunächst ist es aber erst einmal wichtig, den Eingangsort visualisieren zu können. Sobald Sie Ihren „Eingang" haben, können Sie die Reise beginnen.

Reise in die untere Welt

Als erste Reise empfiehlt es sich, in die untere Welt zu reisen. Da die untere Welt in vielen Mythologien mit unheimlichen Gestalten in Verbindung gebracht wird, ängstigen sich manche Menschen jedoch vor ihr. Sie brauchen sich allerdings nicht vor der unteren Welt zu fürchten: Sie ist genauso ein Teil unseres Universums wie jeder andere und birgt nicht mehr Furchtvolles als die Welt, in der Sie leben. Auf Ihrer Reise in die untere Welt kann Ihnen nichts geschehen und gefährlich werden. Wenn Sie etwas sehen oder Ihnen etwas begegnet, das Sie fürchten, können Sie es einfach fortschicken oder bitten, zu gehen. Natürlich sollten Sie trotzdem jedem Wesen mit Respekt begegnen und nach Ihrem Herzen handeln – so bewahren Sie sich die Sicherheit auf Ihrer Reise.

Die Reise beginnt, sobald die Trommelmusik startet. Schließen Sie die Augen und formulieren Sie Ihre Reiseabsicht dreimal aus. Das ist zum Beispiel: „Ich möchte in die untere Welt reisen, um sie zu erkunden."

Visualisieren Sie jetzt Ihren Eingang. Sobald Sie den Eingang sehen können, dürfen Sie ihn durchqueren. Sie können beispielsweise hinter den Wasserfall treten oder in den Fluss springen. Lassen Sie sich von der Erde in die Tiefe ziehen oder klettern Sie in die Höhle.

Was Sie nun sehen, kann durchaus sehr unterschiedlich sein. Anfangs beeinflussen Sie Ihre Reise noch sehr stark selbst. Ab einem bestimmten Zeitpunkt wird sich Ihre Vorstellung jedoch verändern und Sie werden nicht mehr selbst die Bilder erzeugen, die Sie sehen. Sie können sich das in etwa so vorstellen: Wenn Sie durch den Wasserfall in eine Höhle treten, sieht diese zunächst noch wie eine Höhle aus. Es kann aber sein, dass sich dieser Raum verändert und Sie auf einmal eine Treppe hinunterlaufen oder an einem ganz anderen Ort sind. Hier hört Ihr Verstand auf, die Bilder selbst zu erzeugen, und Sie können die schamanische Reise in die anderen Welten und Ihr eigenes Bewusstsein antreten. Erkunden Sie zunächst die Räume, die Sie sehen. Lassen Sie sich ganz von Ihrem Gefühl leiten.

Eine anfängliche Unsicherheit gehört bei den ersten Reisen dazu; das ist nicht ungewöhnlich und braucht Sie nicht zu verunsichern. Falls Sie die Reise dennoch abbrechen möchten, können Sie jederzeit zurückkehren und wieder aus der unteren Welt in die alltägliche mittlere Welt gelangen. Also sorgen Sie sich bitte nicht, dass Sie „verloren gehen" könnten. Atmen Sie einfach einige Male tief ein und wieder aus und kehren Sie langsam auf dem Weg zurück, über den Sie gekommen sind. Reflektieren Sie danach darüber, was Ihnen möglicherweise einen Schrecken eingejagt oder Unbehagen verursacht hat und woher das ungute Gefühl gekommen sein mag. Sie können jederzeit eine neue Reise starten. Falls Sie jedoch Angst oder Beklemmungen empfinden sollten, wenden Sie sich an einen erfahrenen Schamanen, der Ihnen helfen kann, die Ursache

zu erkennen und zu beseitigen, und Sie auf Ihrer nächsten Reise fachmännisch begleitet.

Da die Reise in die anderen Welten auch immer eine Reise in Ihr eigenes Unterbewusstsein ist, ist es nicht unüblich, dass Sie dort Dinge sehen werden, die mit den tiefsten verborgenen Teilen Ihrer Seele in Verbindung stehen und denen Sie sich vielleicht bisher versucht haben, zu entziehen. Diese Dinge sind Teil der schamanischen Reise und wichtig, um Ihre einzelnen Seelenanteile wieder zu integrieren. Auf Ihren ersten Reisen werden Ihnen wahrscheinlich nicht viele dieser Dinge begegnen – zunächst einmal lernen Sie das Reisen erst kennen.

Das Ende der Reise

Ihre Reise ist beendet, sobald der letzte Trommelschlag fällt und das Rückkehrzeichen einläutet. Bewegen Sie sich nun zurück durch den Eingang, durch den Sie gekommen sind. Es wird Ihnen nicht schaden, wenn Sie es nicht schaffen, den gesamten Weg zurückzugehen, und vorher die Augen öffnen. Dennoch wird es von den meisten Schamanen als sinnvoller angesehen, denselben Weg zurückzulegen, auf dem man gekommen ist. In manchen Legenden heißt es, dass man im schlimmsten Fall Teile seiner Seele zurücklässt, wenn man bei der Rückkehr Fehler macht. Dazu muss man allerdings sehr tief gereist sein. Fürchten Sie sich bei Ihrer Reise vor solchen Dingen jedoch nicht, sondern bleiben Sie ruhig und gefasst. Solange Sie mit Ihrem vollen Bewusstsein in die mittlere Welt zurückkehren wollen, werden Sie dies auch tun. Im Idealfall lassen Sie sich bei Ihren ersten Reisen von einem erfahrenen Schamanen begleiten. Er wird wissen, was zu tun ist.

Mit den letzten Trommelschlägen und dem Rückkehrzeichen kommen Sie nun zurück in die mittlere Welt. Atmen Sie noch ein- bis zweimal tief ein und aus und öffnen Sie dann langsam die Augen, während Sie Ihren Körper zu spüren beginnen.

Nach der Reise

Protokoll führen

Führen Sie Protokoll über Ihre schamanischen Reisen. Dazu können Sie sich ein Notizbuch nehmen und in diesem Ihre Erfahrungen der einzelnen Reisen aufschreiben. Notieren Sie alles, an das Sie sich erinnern – auch wenn es Ihnen anfangs unbedeutend erscheint. Jede schamanische Reise ist für sich genommen wie ein Puzzleteil. Wenn man alle zusammenführt, kann man ein vollständiges Bild erkennen.

Auch der Austausch mit anderen Menschen, die schamanisch arbeiten, ist sehr hilfreich und sollte wenn möglich genutzt werden. Nicht nur profitieren Sie von den Erfahrungen anderer, sondern Sie erhalten auch die Möglichkeit, zu sehen, inwiefern sich Ihre Erfahrungen decken – ein kleiner Hinweis darauf, wie echt diese Reiseerfahrung ist.

Andere können Ihnen widerspiegeln, welche Bedeutungen Ihre einzelnen Reiseerfahrungen haben. Da Sie auf der schamanischen Reise tief mit Ihrem Unterbewusstsein in Verbindung stehen, können Ihnen Details alltäglich vorkommen, die aber in Wirklichkeit einen tieferen Sinn haben. Auch Erfahrungsberichte anderer Schamanen können Ihnen weitere Hinweise bringen.

Die nächsten Reisen vorbereiten

Wie wir bereits anfangs erwähnten, hat die schamanische Reise zweierlei grundlegende Ziele. Zum ersten ist dies, Erkenntnisse zu sammeln, und zum zweiten, in Kontakt mit den geistigen Wesen zu treten. Die beiden Ziele bedingen sich gegenseitig und tragen zu weiteren Fähigkeiten bei. Durch eine erweiterte Erkenntnis und die Hilfe der geistigen Wesen kann der Schamane letztlich zur Heilung des Menschen und der Welt beitragen.

Behalten Sie dieses Ziel des harmonischen Ausgleichs und der Heilung im Hinterkopf. Bedenken Sie, dass Heilung Harmonie bedeutet – es geht also nicht darum, in den anderen Welten Dinge zu verändern oder gar Dinge zu entwenden, die Sie in der mittleren Welt benötigen. Stattdessen bitten Sie um Hilfe und Erkenntnis. Vergessen Sie nie, dass die Harmonie das oberste Ziel eines Schamanen ist.

Die nächsten Reisen sollten Sie nutzen, um erst die untere und dann die obere Welt kennenzulernen. Diese beiden Welten werden sich für Sie unterscheiden und Ihnen unterschiedliche Kenntnisse bringen. Auch die nichtalltägliche mittlere Welt kann erkundet werden. Dazu begeben Sie sich auf eine Trancereise zu einer Ihnen bekannten Strecke, auf der Sie sonst vielleicht spazieren gehen oder joggen. Hier werden Sie sehen, wie Ihnen auf dem Ihnen vertrauten Weg unbekannte Dinge begegnen.

Obgleich Sie auf den Reisen sicher sind, ist es wichtig, sich vor Augen zu führen, mit welch mächtigen Kräften Sie in Kontakt kommen können. Schamanisches Arbeiten ist kein Spiel und kein Zeitvertreib. Man kann mithilfe des Schamanismus viel helfen und heilen, aber auch viel zerstören, wenn man ihn leichtfertig anwendet. Verrichten Sie schamanisches Wirken, so vergessen Sie auch nicht, Wertschätzung, Vorsicht und Respekt zu zeigen.

Bevor Sie sich an das Heilen wagen, sollten Sie einige Reisen hinter sich und einen besseren Kontakt zum Universum aufgebaut haben. Das kann einige Zeit dauern, aber es lohnt sich. Unterstützende Werkzeuge sollten Sie erst einmal vernünftig kennenlernen und in ihrer Funktion verstehen, bevor Sie sie nutzen.

Tipps für Anfangsschwierigkeiten

Wenn Ihnen die Reise nicht sofort gelingt, kann das viele Gründe haben. Verlieren Sie nicht den Mut, sondern probieren Sie es weiter. Einige Menschen brauchen sehr lange, bis Ihnen eine schamanische Reise gelingt. Mitunter sehen Sie zunächst nur verschwommene Bilder. Hier wollen wir Ihnen noch ein paar Tipps geben, was zu tun ist, wenn Ihnen die Reise nicht auf Anhieb gelingt:

- Überprüfen Sie Ihre innere Einstellung: Glauben Sie wirklich daran, dass eine schamanische Reise möglich ist? Oder versuchen Sie womöglich sogar, das Gegenteil zu beweisen? Wenn Sie nicht an die Kraft der Reise glauben, wird sie für Sie auch nicht funktionieren. Das wäre so, als würden Sie versuchen, sich zu verlieben, obwohl Sie in Wirklichkeit glauben, Liebe sei nur ein chemischer Prozess im Körper und nicht wirklich erfahrbar.

- Haben Sie Ängste davor, die schamanische Reise anzutreten? Versuchen Sie, alle Sorgen abzulegen und mit offenem Herzen die Reise anzutreten. Wenn Sie denken, Sie seien noch nicht bereit, lassen Sie sich gerne Zeit. Vielleicht ist die schamanische Arbeit nicht das, wonach Sie suchen. Manchmal lohnt es sich, mit Abstand auf die Dinge zu sehen und sie dann zu beurteilen. Wenn Sie sich bereit fühlen, brauchen Sie sich auch nicht zu fürchten.

- Manchmal hemmt uns ein geringes Selbstbewusstsein. Vielleicht denken Sie insgeheim, dass Sie sowieso nicht in der Lage sein werden, die Reise anzutreten. Solche Glaubenssätze können uns hemmen – das brauchen sie aber gar nicht. Absolut jeder Mensch ist in der Lage, wenn er möchte, schamanisch zu arbeiten. Bestimmt haben Sie auch schon viel mehr gesehen oder erlebt, als Sie sich selbst eingestehen möchten.

- Wenn Sie ein religiöser Mensch sind, kann das natürlich auch die Fähigkeit hemmen, schamanisch zu arbeiten. Sie brauchen sich aber nicht darüber zu sorgen, die schamanische Reise könnte im Kontrast zu Ihrem

Glauben stehen. Nehmen Sie die Dinge, die Sie auf Ihrer schamanischen Reise erleben, vielmehr als Beweis der göttlichen Kraft, an die Sie glauben – es ist immerhin das Herz des Universums, das mit Ihnen in Verbindung tritt. Und wer oder was das ist, vermag ein Schamane möglicherweise auch nicht, genau zu sagen.

• Wenn Sie eine große Vorstellungskraft besitzen, neigen Sie vielleicht dazu, die gesehenen Dinge als bloße Einbildung abzutun. Sie werden aber lernen, Ihre eigene Einbildung von dem tatsächlich Gesehenen bzw. Erfahrenen zu unterscheiden. Vorstellungskraft ist etwas Schönes, etwas Gutes – Sie dürfen sich daran erfreuen und brauchen sich nicht zu ärgern, wenn Ihre eigene Imagination am Anfang noch stark im Vordergrund wirkt. Vertrauen Sie darauf, dass der Kontakt klappen wird.

• Ist das Gegenteil der Fall und es gelingt Ihnen nicht, Ihren Eingang zu visualisieren, versuchen Sie, sich auf andere Ihrer Sinne zu verlassen. Beschreiben Sie beispielsweise mit Worten oder mental, wie Sie Ihren Eingang finden und wie er aussieht. Jeder hat einen anderen Zugang zum Universum und darf diesen für sich selbst ausfindig machen.

• Versuchen Sie, schamanisches Reisen nicht mit einer anderen Heilpraxis zu kombinieren, wenn Sie diese erst erlernen. Manchmal können verschiedene Methoden miteinander interferieren und Ihnen das Erlernen beider Vorgehensweisen schwerer machen. Wenn Sie also gerade einer anderen heilerischen Ausbildung folgen, gedulden Sie sich vielleicht noch ein wenig, bis Sie mit dem schamanischen Reisen beginnen.

• Sie haben nichts wahrnehmen können? Gehen Sie noch einmal in sich und überlegen Sie: Haben Sie wirklich gar nichts gesehen? Oder haben Sie nur nicht das gesehen, was Sie erwartet haben? Alle Bilder, die Ihnen auf der Reise begegnen, sind Teil Ihrer Reise, auch wenn dies nur Augenpaare im Dunkeln sind, ein kleines Tier, das unbemerkt an Ihnen vorbeiläuft, oder ein dunkler Tunnel.

Heilung und schamanisches Reisen

Eine schamanische Reise anzutreten, ist, wie in den eigenen Seelenkeller zu steigen. Die Dinge, die Sie sehen werden, sind nicht neu – genau genommen waren sie schon immer da. Der Unterschied ist, dass Sie jetzt ein Mittel haben, diese Dinge bewusst wahrzunehmen. Einerseits bedeutet das für Sie, dass Sie ein kraftvolles Werkzeug besitzen, durch welches Sie Einblicke in Ihr eigenes Unterbewusstes und in die anderen Welten erhalten. Andererseits bedeutet das aber auch, dass Sie womöglich Dinge über sich selbst erfahren, die für Sie schwer zu greifen oder zu akzeptieren sein könnten oder etwas Altes auslösen, von dem Sie dachten, dass Sie es längst geheilt hätten. Seien Sie also darauf vorbereitet, sich mit Dingen zu konfrontieren, die Ihnen zunächst vielleicht lieber verborgen geblieben wären. Der Weg des Schamanen ist eine Offenbarung – auch Ihrer selbst.

Letztlich dürfen Sie aber auch nicht vergessen, dass das schamanische Reisen allein nur ein Teil der Heilung sein kann. Eine Krankheit ist vergleichbar mit einem Rohrbruch im Haus: Wenn Sie nur die Leitungen reparieren, wird das Wasser trotzdem noch in Ihrem Haus sein und die Möbel beschädigen. Wenn Sie nur das Wasser abpumpen, fließt weiter Wasser durch die kaputten Leitungen. Heilung kann nur erfolgen, wenn Sie in beiden Welten – der alltäglichen und der nicht alltäglichen – ansetzen. Schließlich ist nicht die Harmonie in einer, sondern zwischen beiden Welten erforderlich, um vollumfänglich zu heilen. Deswegen ist die unterstützende Heilung durch Pflanzen ein wichtiges Instrumentarium im Schamanismus.

PFLANZENKRAFT

Die Pflanzenkraft ist die wichtigste unterstützende Komponente in der schamanischen Heilung. Pflanzen bilden dabei sozusagen das materielle Gegenstück zur geistigen Heilkraft der schamanischen Reise. Dabei spielen allerdings nicht nur die Inhaltsstoffe der Pflanzen eine Rolle, sondern auch ihr energetisches Potential. Den näheren Anwendungsmöglichkeiten der Heilkraft der Pflanzen ist daher auch ein eigenes Kapitel mit dem Titel „Heilen und Wirken mit Pflanzenkraft" gewidmet. An dieser Stelle wollen wir Ihnen die Mittel und Potentiale der Pflanzenkraft vorstellen und erläutern, warum ihre Wirkweise so unerlässlich für schamanisches Heilen ist.

Warum Pflanzen so wichtig sind

Heilung kann nur ganzheitlich erfolgen, da wir über eine Seele, einen Geist und einen Körper verfügen. Alles ist miteinander verbunden und wirkt so gegenseitig aufeinander ein. Nur allzu oft wird dieser Aspekt bei der Behandlung von Krankheiten aber vernachlässigt. Viele Mediziner, aber auch Naturheilkundler, beschränken sich oftmals nur auf die Heilung einer dieser Komponenten. Das kann dazu führen, dass die Heilung auf einer Ebene kurzzeitig erfolgreich, langfristig jedoch erfolglos ist.

Einseitige Behandlungen und ihre Folgen

Bestimmt ist Ihnen auch schon einmal aufgefallen, wie viele Menschen immer und immer wieder zum Arzt gehen, eine neue Diagnose bekommen, nach der Behandlung kurzfristig Linderung erfahren und dann doch wieder erkranken. Manchmal verschieben sich die Symptome der Krankheit und treten an einem anderen Ort wieder auf. Stellen Sie sich beispielsweise eine Muskelverspannung vor, die an den Schultern durch eine Massage gelöst wird. Eine Woche später kommt die Verspannung

an den Schultern zurück, da nicht die Ursache für die Verspannung beseitigt wurde, sondern lediglich die Verspannung selbst. Und selbst, wenn die Ursache der Verspannung – zum Beispiel eine schlechte Sitzhaltung – behoben wird, kommt die Verspannung vielleicht an einem anderen Ort zurück. Sobald die Schultern wieder locker und beweglich sind, hat man dann beispielsweise einen verspannten unteren Rücken.

Warum ganzheitliche Heilung so wichtig ist, lässt sich gut verbildlichen. Der Psychologe ist für die Behandlung der menschlichen Psyche – seiner Seele und seines Geistes – zuständig, während ein klassischer Mediziner sich vor allem um den Körper des Klienten sorgt. Wenn Sie mit einem Leiden zum Psychologen gehen, so wird dieser womöglich durchaus in der Lage sein, die psychologische Wurzel dieser Beschwerde gemeinsam mit Ihnen zu heilen. Ihr Hausarzt wird hingegen die Symptome der Krankheit lindern können. Trotzdem kann es in beiden Fällen passieren, dass dieselben Beschwerden wieder auftreten. Warum?

Das vielfältige „Gedächtnis" von Beschwerden

Einige Menschen sind der Meinung, dass man lediglich die „Wurzel" der Krankheit aus einem Menschen entfernen muss, um diese zu heilen. Das würde ein Arztbesuch, ein Termin beim Psychologen oder sogar eine energetische Reinigung theoretisch erreichen können. So wird bei Krebspatienten ein Tumor rausgeschnitten, in der Tiefenpsychologie werden alte Traumata bearbeitet und bei einer Akupunktur-Sitzung werden die Energieleitbahnen des Körpers geöffnet. Allerdings ist es nicht ganz so einfach. Denn wir verfügen über mehrere Formen von Gedächtnissen, die sich an die jeweilige Krankheit erinnern.

Jedes Erlebnis wird in unserem Körper und unserem Geist abgespeichert. Unser jetziges Ich ist ein Ergebnis aller vorangegangenen Ereignisse. Man kann sich das in etwa so vorstellen:

Nehmen wir an, Sie haben einen Fahrradunfall. Sowohl Ihr Gehirn als auch Ihre Muskeln erinnern sich an diesen Unfall und speichern diesen sowohl in dem bewussten Teil Ihres Gehirns selbst als auch in Ihren spontanen muskulösen Reaktionen ab. Beim nächsten Fahrradfahren „erinnert" Ihr Gehirn Sie daran, dass Sie einen Unfall gehabt haben. Zusätzlich verfügen aber auch Ihre Muskeln über eine Art Gedächtnis: Sobald Sie sich auf das Fahrrad setzen, spannen Sie sich mehr als nötig an, weil Sie darauf vorbereitet sind, wieder zu stürzen. Diese multiple Reaktion hat einen positiven, evolutionären Grund – sie kann uns helfen, uns vor Gefahren zu bewahren, auch wenn Teile unseres Gedächtnisses sich nicht direkt daran erinnern. Die Information wird mehrfach abgespeichert, damit Sie sich auch ganz sicher daran erinnern. Wenn jetzt ein Teil des Gedächtnisses gelöscht wird, ist das andere Gedächtnis durchaus noch im Besitz dieser Erinnerung. Im Klartext: Wenn Sie Ihre körperlichen Verletzungen beim Arzt behandeln lassen, wird Ihr Gehirn noch wissen, dass es einen Unfall gab, und Sie daran erinnern, wenn Sie sich auf das Fahrrad setzen. Gehen Sie zum Psychologen und arbeiten Sie Ihr Trauma verbal auf, werden Ihre Muskeln sich trotzdem noch anspannen, sobald Sie sich auf das Fahrrad setzen. Ihre Muskelreaktion wiederum regt das Gehirn an, sich an den Unfall zu erinnern. So wird der scheinbar verarbeitete Gedächtnisinhalt auf das jeweilige andere Gedächtnis „kopiert" und die Beschwerden treten möglicherweise wieder auf. Die Gedächtnisinhalte nach einem Fahrradunfall können natürlich relativ schnell bearbeitet werden, weil hier Ursache und Wirkung klar sind.

Bei chronischen Beschwerden ist es allerdings nicht so einfach, da die Verletzungen oft tiefer sitzen und weiter zurückgehen, als Sie es wissen. Sie sollten sich also bewusst machen, dass es energetische, feinstoffliche und auch seelische Gedächtnisse gibt, die Informationen behalten und so Beschwerden auslösen können.

Unterstützung durch Pflanzenkraft

Die schamanische Reise setzt Sie in Kontakt mit Ihrem Selbst und dem Universum. Dadurch erlangen Sie Erkenntnisse und Hilfe aus den Welten der geistigen Wesen. Da Ihr Körper diesseitig verankert ist, braucht er aber auch die Unterstützung natürlicher Heilmittel. Ansonsten kann es sein, dass Ihr körperliches Gedächtnis sich auf die Heilung Ihres Geistes auswirkt.

Die Pflanze ist das natürlichste Mittel, diese körperliche Unterstützung zu gewährleisten. Aus genau diesem Grund heilen Schamanen nicht nur durch die Kraft der Geister, sondern auch durch die Heilkräfte der Natur. Da unser Körper in der diesseitigen Welt lebt, braucht er auch Behandlungen aus der diesseitigen Welt, um vollständig zu genesen. Somit spielt die begleitende Pflanzenkunde im Schamanismus eine bedeutende Rolle.

Die Heilkräfte der Pflanze

Pflanzen können auf vielfältige Weise für die schamanische Heilung genutzt werden. Ihre geistige Kraft ist dabei genauso bedeutend wie ihre physische Heilwirkung.

Die physische Heilkraft der Pflanze

Pflanzen gehören zu unserer natürlichen Nahrung. Sie geben uns Sauerstoff und schaffen die Grundlage für unsere Nährstoffversorgung, sorgen für eine gute Bodenbeschaffung und bilden den Lebensraum der Tiere.

Denken Sie einmal an die Medikamente der modernen Medizin. Welche Wirkstoffe stecken in den Tabletten, die Sie einnehmen? Zum Großteil handelt es sich hier um chemische Verbindungen, die auch in der Natur vorkommen, wenn auch nur in kleineren Mengen. Über Jahrhunderte hinweg hat man diese konzentriert, vervielfältigt und miteinander vermischt, um auf die gewünschte Wirkkraft zu kommen.

Dabei vernachlässigte man den Aspekt, dass die natürlichen Verbindungen der Wirkstoffe in den Pflanzen oftmals nachhaltigere Ergebnisse liefern. Unsere Natur stellt uns die gesamte Wirkstoffpalette selbst bereit – und auch in den richtigen Maßen.

Einige Menschen sind der Meinung, dass nur bestimmte Heilpflanzen aus besonderen Gebieten eine besondere Wirkung erzielen. Tatsächlich gibt es einige exotische Pflanzen, die besondere Heilkräfte haben. Allerdings finden wir viel häufiger in unserer nahen Umgebung die Kräuter, die wir brauchen, um unsere körperlichen Schmerzen zu lindern. Denken Sie daran, dass Sie ein Teil eines großen Ganzen sind. Die Pflanze nimmt Nährstoffe aus ihrer gesamten Umgebung auf, aus dem Regen, dem Boden und von den Tieren.

Es gehört zu unserer menschlichen Natur dazu, sich aus der nahen Umgebung zu ernähren. Wussten Sie beispielsweise, dass Babys mit der Muttermilch nicht nur Nahrung aufnehmen, sondern auch allerhand Antikörper, die speziell auf ihr Immunsystem eingestellt sind? Muttermilch verfügt über alle Nährstoffe, die das Baby für seinen Körper braucht. Genauso verhält es sich mit unserer umliegenden Natur. Die Kräuter, die hier wachsen, haben eine spezielle Verbindung zu uns. Sie nehmen dieselbe Sonne auf, denselben Regen, sind auf die Gifte in unserer Umgebung und die Nahrungsmittel, die wir konsumieren, angepasst. Schauen Sie daher immer zuerst in den eigenen Garten, bevor Sie magische Heilpflanzen aus exotischen Ländern importieren.

Rein biologisch betrachtet geben uns Pflanzen außerdem Vitamine, Spurenelemente, Mineralien, Antioxidantien und sekundäre Pflanzenstoffe, diese bestimmen die spezielle Heilkraft der Pflanze mit. Manche Pflanzen entfalten ihre Heilkraft wiederum erst in der Kombination mit anderen Pflanzen. Denken Sie einmal zurück an die Pflanzenmischungen, die in den südamerikanischen Regenwäldern zum Zwecke der Trance-Induktion eingesetzt wurden. Daher können Cremes, Tinkturen und Öle manchmal nützlicher sein als die Pflanze an sich.

Die wichtigen Wirkstoffe werden hier gefiltert und in der Kombination mit anderen Wirkstoffen verstärkt. Das Wissen über die Kräuter ist Jahrtausende alt, musste vielfach erprobt werden und ist daher auch immer noch einem Wandel unterzogen. Von diesem Wissen können Sie dank der Aufzeichnungen alter Heilkundiger noch heute profitieren.

Die psychische Heilkraft der Pflanze

Neben der biologischen und physikalischen Heilkraft besitzen Pflanzen noch eine andere Form der Heilwirkung. Diese Heilwirkung hat mit dem Wesen der Pflanze zu tun. Wie jedes andere Wesen im Universum sind auch Pflanzen beseelt und werden als lebendige Wesen betrachtet. Die Arbeit im Schamanismus bringt Sie der Pflanzenseele näher. Mitunter können Sie der Pflanzenseele begegnen, sie sehen, sie fühlen oder auch mit ihr sprechen.

Schamanen arbeiten vielfach mit der Seele der Pflanze. Wenn man die Heilkräfte einer Pflanze nur auf grobstofflicher Ebene betrachten würde, käme man wahrscheinlich zu dem Schluss, dass die extrahierten Wirkstoffe der Pflanze an sich genauso heilsam sein müssen wie die Pflanze als Ganzes oder Kombinationen verschiedener Pflanzen. Dem ist nicht so. Weil die Pflanze beseelt ist, hat ihre Heilkraft einen großen Vorsprung zur klassischen Medizin und den meisten Pillen (von der chirurgischen Arbeit sei hier einmal abgesehen).

Einige Schamanen arbeiten mit Pflanzen nur wegen ihrer Pflanzenseele. Die Pflanze selbst wird in diesem Fall nicht genutzt, weil die Heilkraft der Pflanze zu dem Patienten passt, sondern weil die Pflanze zum Schamanen passt und er die Heilkraft der anderen Welten über diese Pflanze am besten katalysieren kann.

KRAFTTIERE

Krafttiere sind heutzutage in aller Munde. Viele Plattformen bieten Quiz an, in denen Sie Ihr Krafttier angeblich durch die Beantwortung mehrerer Fragen finden sollen. Dabei wissen die wenigsten, was ein Krafttier tatsächlich ist.

Krafttiere spielen eine große Rolle in der Welt des Schamanismus. Sie helfen, zu heilen, zu Erkenntnissen über sich selbst zu gelangen und Balance zwischen den Welten zu halten. Ihr Krafttier lernen Sie nicht über ein Quiz oder über ein Horoskop kennen – Ihr Krafttier ist etwas, das schon immer mit Ihnen in Verbindung stand und nur darauf wartet, von Ihnen entdeckt und kontaktiert zu werden.

Was ist ein Krafttier?

Ein Krafttier ist ein spiritueller Begleiter. Meistens erscheint er in Form eines Tieres, manchmal auch eines Fabelwesens. Krafttiere können mit Schutzengeln verglichen werden, da sie oft ganz ähnliche Aufgaben ausführen: Sie beschützen Sie, begleiten Sie auf Ihrer Reise und stehen Ihnen mit Rat und Tat zur Seite. Im schamanischen Glauben ist das Krafttier eines Menschen schon seit seiner Geburt an seiner Seite.

Krafttiere begleiten Menschen schon seit Jahrtausenden. In vielen alten Religionen nehmen Sie die Rolle von Schutzgeistern ein. Auch Götter haben oft tierische Züge oder zeigen sich in der Gestalt eines Tieres. Einige Schamanen gehen davon aus, dass in früherer Zeit die Menschen näher mit den Tieren verbunden waren und somit auch mit ihnen in der mittleren Welt kommunizierten. Auch Kinder zeigen noch häufig die Fähigkeit, mit Tieren sprechen zu können oder zumindest mit ihnen auf einer anderen Ebene in Kontakt zu treten. Einige Kinder haben auch unsichtbare Spielgefährten in Form eines Tieres.

Das Wesen des Krafttieres

Krafttiere sind ein Teil von Ihnen und Ihrer Seele. Die meisten Menschen haben Ihre natürliche Verbindung zum Krafttier verloren, was einen Menschen durchaus auch krank machen kann. Denn durch die fehlende Verbindung zum Krafttier fehlt auch eine Verbindung zu spezifischen Aspekten Ihres Selbst. Eine Wiederverbindung mit dem Krafttier kann Ihnen zeigen, was Ihre Aufgabe ist, und Ihre Seele wieder vervollständigen. Das Krafttier zeigt Ihnen diese verloren gegangenen Aspekte Ihres Selbst und sorgt für Ihren Schutz in allen Welten. Man sagt, dass die Verbindung mit dem eigenen Krafttier dazu führt, dass man sich wieder „wie man selbst fühlt". Sie werden merken, dass Sie Ihrer Intuition auf einmal besser vertrauen können, es Ihnen leichter fällt, auf Ihr Bauchgefühl zu hören, und dass Sie besser verwurzelt und sicherer sind.

Begegnung mit dem Krafttier

Nicht jeder Mensch besitzt nur ein Krafttier. Es kann zwei und auch drei Krafttiere geben, die mit Ihnen in einer besonderen Verbindung stehen. Selten sind es mehr als drei. Ihrem Krafttier begegnen Sie am besten auf einer Reise in die untere Welt. Grundsätzlich kann Ihr Krafttier jedes Tier sein, selbst ungewöhnliche Tiere wie Austern oder Spechte. Insekten sind normalerweise keine Krafttiere, denn ihre spirituelle Kraft ist mit der unteren Welt verbunden und bleibt am besten dort. Nur wenn Sie ausdrücklich von einem Insekt eingeladen werden und Sie sich wohl dabei fühlen, dürfen Sie es als Krafttier annehmen.

Bedeutung für das schamanische Wirken

Die Begegnung mit Ihrem Krafttier bietet Ihnen Schutz und Sicherheit. Es soll Ihnen aber auch dabei helfen, herauszufinden, wer Sie wirklich sind. Das Krafttier verkörpert Ihren natürlichen Zustand – nicht den, der Sie gerne wären, und nicht das, was Sie fürchten, sein zu können. Sie werden durch die Arbeit mit Ihrem Krafttier auch mit den dunklen Seiten Ihres Selbst verbunden, werden allerdings auch Ihre schönen und lichten Seiten deutlicher sehen. Das Krafttier hilft Ihnen dabei, sich selbst zu erkennen.

Fähigkeiten und Aufgaben

Ihr persönliches Krafttier ist in der Lage, Ihnen Dinge beizubringen und Sie zu belehren. Ihre Aufgabe ist es, diese Lehren anzunehmen und in Ihrem Leben einzubeziehen. Indem Sie Kontakt mit Ihrem Krafttier aufnehmen, lernen Sie seinen Rhythmus, seine Bewegungen und seine Art, die Welt wahrzunehmen.

Wenn Sie denken, Ihr Krafttier ist ein Tier, das Sie besonders mögen, können Sie richtig liegen. Es kann aber auch das genaue Gegenteil sein. Manchmal ist es sogar ausdrücklich ein Tier, das wir als abstoßend empfinden oder vor dem wir uns fürchten. Genau diese Aspekte Ihres eigenen Selbst jagen Ihnen möglicherweise sogar Furcht ein oder werden von Ihnen als abstoßend angesehen. Die Versöhnung und Vereinigung mit Ihrem Krafttier sorgen dafür, dass Sie diese Aspekte Ihres Selbst wieder in sich integrieren können.

Ihr Krafttier hilft Ihnen, ein erfülltes Leben zu führen, und beschützt Sie, wann immer Sie Sicherheit brauchen. Sie können durch das Krafttier lernen, wann Sie mehr Mut zeigen und wann Sie mehr Gelassenheit üben sollten. Wortwörtlich zeigt es Ihnen, wo Ihre Kraft sitzt.

In verschiedenen schamanischen Ritualen nimmt das Krafttier eine ganz besondere Rolle ein. Manchmal verkörpert der Schamane auch sein

Krafttier, während er schamanisch arbeitet. Ein Krafttier kann einen Menschen ein Leben lang begleiten. Es kann durchaus vorkommen, dass im Laufe der Zeit ein weiterer Tiergeist hinzukommt. Lassen Sie sich mit offenem Herzen auf die Kraft der Tiergeister ein und üben Sie Vertrauen darin, dass alles gut so ist, wie es ist.

Kontaktaufnahme mit dem Krafttier

Das Krafttier begegnet Ihnen in der unteren Welt. Um mit ihm Kontakt aufzunehmen, ist es am besten, wenn Sie bereits einige schamanische Reisen hinter sich haben. Zumindest sollten Sie schon einmal die untere Welt erkundet haben, bevor Sie sich mit dem Krafttier explizit in Kontakt setzen. Vielleicht ist Ihnen Ihr Krafttier auch schon einmal zufällig auf einer Ihrer Reisen begegnet.

Krafttierreise in die untere Welt

Audiodatei 4

Zunächst begeben Sie sich an einen ruhigen, ungestörten Ort. Setzen Sie sich bequem hin und lassen Sie Ihren Blick nach vorne gerichtet. Legen Sie Ihre Hände auf die Seite oder aneinander wie bei einem Gebet. Sie können die Krafttierreise auch im Liegen beginnen. Schließen Sie nun die Augen, atmen Sie einige Male tief ein und wieder aus und sprechen Sie dann Ihre Absicht, zum Beispiel: „Ich reise in die untere Welt, um mit meinem Krafttier in Kontakt zu treten."

Nun können Sie Ihre Reise antreten und durch den Ihnen bereits bekannten Eingang in die untere Welt eintreten. Wenn Sie in der Unterwelt

angekommen sind, suchen Sie sich einen Stein oder eine Wiese und setzen sich hin. Genießen Sie die Umgebung und nehmen Sie die verschiedenen Eindrücke in sich auf …

Nun können Sie spüren, wie sich Ihr Krafttier Ihnen nähert. Es kann direkt auf Sie zukommen oder sich von hinten nähern. Vielleicht spüren Sie sein Fell oder seine Federn im Nacken und hören seinen Atem. Lassen Sie alle Berührungen vertrauensvoll zu. Nun drehen Sie sich um und blicken in die Augen Ihres Krafttieres. Strecken Sie Ihre Hand aus, begrüßen Sie sich respektvoll und berühren Sie Ihr Krafttier sanft und vorsichtig, erst seinen Schnabel oder seine Schnauze, dann das Gefieder oder Fell.

Geben Sie sich die Zeit und den Raum, sich gegenseitig zu spüren und Vertrauen aufzubauen. Schauen Sie Ihrem Krafttier dabei direkt in die Augen. Folgende Fragen können Sie Ihrem Krafttier nun stellen:

- Welche Gaben bringst du mir?
- Was sind deine Eigenschaften?
- Wie wirst du mir bei der Heilung helfen?
- Wie kann ich dich pflegen und nähren?
- Was sind deine Stärken, was deine Schwächen?

Sie können den Dialog mit Ihrem Krafttier so lange führen, wie Sie möchten. Wenn Sie bereit sind, laden Sie Ihr Krafttier ein, mit Ihnen mitzukommen, und bedanken sich für die Erkenntnisse, die Sie erhalten haben.

Wenn Sie wieder angekommen sind, können Sie sich ausgiebig dehnen, Ihre Hände aneinanderreiben und auch Augen und Gesicht reiben. Kehren Sie in den Raum zurück, in dem Ihre schamanische Reise begonnen hat. Sie können das Krafttier jetzt in sich aufnehmen und es fragen, wo es in Ihrem Körper wohnen möchte. Manchmal sucht sich das Krafttier einen Ort, der geschwächt ist oder der mit einem bestimmten Energiezentrum in Verbindung steht. Auch ein Körperteil, der sinnbildlich für die Ablehnung Ihres wahren Ichs steht, wird manchmal als Ort gewählt.

Sobald Sie das Tier in sich aufgenommen haben, können Sie die nächsten Tage beobachten, wie sich Ihr Alltag verändert. Auch die Reaktion von Tieren auf Ihre Präsenz kann sich verändern. All diese Veränderungen können Sie ebenfalls in Ihrem schamanischen Reisetagebuch festhalten.

Andere Wege, das Krafttier kennenzulernen

Vielleicht finden Sie auf Ihrer Reise in die untere Welt nicht sofort einen geeigneten Ort, an dem Sie sich niederlassen können. Möglicherweise begegnen Sie auch Ihrem Krafttier nicht direkt dort, wo Sie es erwarten. Eine andere Möglichkeit, Ihr Krafttier zu finden, besteht, indem Sie die Tiere, die Ihnen begegnen, nach ihrer Aufgabe fragen. Wenn Sie eine besondere Empfindung zu einem Tier verspüren, das Ihnen begegnet, so fragen Sie es explizit: „Bist du mein Krafttier?“ Wenn es diese Frage verneint, bedanken Sie sich und ziehen weiter. Wenn es sie bejaht, können Sie in weiteren Kontakt mit ihm treten.

Dem Krafttier näherkommen

Wenn Sie Ihr Krafttier noch näher kennenlernen wollen, können Sie sich wieder auf eine schamanische Reise in Richtung Ihres Herzens begeben. Laden Sie vor der Reise Ihr Krafttier ein, sich näher kennenzulernen. Stellen Sie Ihrem Krafttier Fragen und lassen Sie sich und dem Krafttier Zeit, sie zu beantworten. Das Krafttier kann einen Teil Ihrer selbst repräsentieren, dem Sie entfremdet sind oder dem Sie sich nicht stellen wollen – deswegen kann es eine Weile dauern. Damit das Krafttier vertrauen kann, nicht abgelehnt zu werden, schließen Sie am besten einen Pakt und versprechen ihm, es nicht abzuweisen. Nur wenn das Krafttier sich ernst genommen und angenommen fühlt, kann es wirklich in Kontakt mit Ihnen treten. Sie können dem Krafttier auf dieser Reise weitere Fragen stellen, zum Beispiel:

- Wer bist du?
- Wie darf ich dich nennen?
- Welche Botschaften hast du für mich?
- Wie kann ich mich um dich kümmern?

Lassen Sie sich auch hier genügend Zeit, damit Ihr Krafttier Vertrauen in Sie gewinnen kann und damit auch Sie Ihr Krafttier besser kennenlernen können. Experimentieren Sie in der nächsten Zeit damit, den Qualitäten Ihres Krafttiers näherzukommen und es zu verkörpern. Sie können sich zum Beispiel morgens in der Art Ihres Krafttiers strecken oder Dinge so berühren, wie es das Krafttier tun würde. Nutzen Sie die Sinne des Krafttieres. Hören Sie auf seine Instinkte und vertrauen Sie ihrer beider Wahrnehmungen. Langsam, aber sicher nehmen Sie das Krafttier immer mehr als Teil von Ihnen war, bis es ganz eins mit Ihnen ist. Letztlich werden Sie nicht mehr zwei getrennte Identitäten haben, sondern das Krafttier wird selbst ein Teil von Ihnen sein.

Welches Krafttier gehört zu mir?

So gut wie jedes Tier kann Ihr Krafttier sein. Einige Tiere sind allerdings öfter Krafttiere als andere. Diesen Tieren schreibt man die Aufgabe zu, den Menschen beizustehen. Am häufigsten sind dies Greifvögel und Raubtiere. Allerdings gibt es auch Pflanzenfresser, die Krafttiere sind. Sehr kleine und zarte Tiere besitzen in der Regel sehr große magische Kräfte. Eines ist sicher: Unabhängig davon, welches Tier Ihr Krafttier ist, es ist genau das, welches Sie momentan brauchen.

Natürlich ist Ihrem Krafttier eine besondere Aufgabe zugeschrieben. Es verkörpert spezielle Teile in Ihnen, die sehr persönlich sind. Trotzdem teilen einige Krafttiere bestimmte Eigenschaften miteinander. Deswegen möchten wir Ihnen an dieser Stelle einen kleinen Überblick der häufigsten Krafttiere und Ihrer individuellen Bedeutungen geben.

Der Adler

Adler sind die Könige der Lüfte. Das Krafttier Adler steht für die Freiheit, Stärke und die Weitsicht. Er ist ein machtvolles und vornehmes Tier, welches Ihr Höheres Selbst symbolisiert. Wenn Sie von diesem Krafttier begleitet werden, verfeinert sich Ihr Gespür und Sie werden schneller große Zusammenhänge erkennen können und auch, wer Ihnen wohlgesonnen ist. Zudem unterstützt der Adler Sie dabei, Ihre Ziele zu erreichen.

Der Bär

Das Krafttier Bär steht stellvertretend für die Liebe zu sich selbst, die Selbstheilung und für die Fähigkeit, schwierige Herausforderungen zu meistern. Er ist ein stetiger Begleiter, der seinen Weg mit Ruhe und Selbstsicherheit geht und Sie dabei unterstützt, Ihre Ängste zu überwinden. Als Krafttier bietet der Bär Ihnen Schutz und Geborgenheit und fordert Sie auf, es ihm gleichzutun und stetig und mit Sicherheit im Leben voranzuschreiten.

Der Delfin

Delfine zeichnen sich durch ihr starkes Sozialverhalten aus. Sie sprühen nur so vor Lebensfreude und stehen für Kommunikation und Leichtigkeit. Das Krafttier Delfin hilft Ihnen spielerisch durch jede Situation, sei sie noch so schwer. Er stärkt Ihren Gerechtigkeitssinn und spendet immer Trost, wann immer Sie ihn brauchen. Zudem unterstützt der Delfin Sie dabei, mit Ihrem inneren Kind in Verbindung zu treten.

Die Eule

Eulen stehen für die Weisheit. Das Krafttier Eule kann Ihnen dabei helfen, auf Ihre innere Stimme zu hören und mehr auf Ihre eigene Intuition zu vertrauen. Da die Eule sehr erkenntnisreich ist, teilt Sie auch viel Wissen mit Ihnen und unterstützt Sie dabei, tiefliegende Zusammenhänge nachvollziehen zu können.

Der Flamingo

Der Flamingo ist das Krafttier der Harmonie und inneren Ruhe. Er lässt Liebe in Ihr Leben kommen und öffnet Ihr Herz für alle Lebewesen. Der Flamingo richtet den Blick auf die guten Dinge im Leben und hilft Ihnen, Ihre Träume zu verwirklichen. Durch ihn erfahren Sie eine tiefe Verwurzelung mit Mutter Erde.

Der Fuchs

Der Fuchs ist das Tier der Selbsterkenntnis. Wenn er als Krafttier in Ihr Leben tritt, steht er Ihnen in scheinbar aussichtslosen Lagen bei und fördert Ihre Flexibilität, auch mit herausfordernden Situationen besser umgehen zu können. Der Fuchs steht für Anpassungsfähigkeit, Geschicklichkeit und – durch seine listige Art – zudem für Täuschung. Er ist äußerst klug und findet mit Geschick immer eine Lösung – egal, für welches Problem!

Die Katze

Katzen sind unabhängig und verfügen über eine große Sanftmut. Wenn Ihr Krafttier eine Katze ist, dann fordert sie Sie auf, mehr Selbstbestimmung in Ihrem Leben zu üben, und zeigt Ihnen, wie Sie für Ihre Rechte einstehen können. Sie steht außerdem für die weibliche Energie, Eigenliebe, Selbstbewusstsein und den Zugang zu den eigenen Emotionen.

Die Libelle

Libellen haben eine ganz besondere Ausstrahlung. Sie sind klein und zart und stehen für die Leichtigkeit des Lebens, Freiheit sowie für Erneuerung. Das Krafttier Libelle zeigt Ihnen, wie Sie sich Ihrer eigenen Größe besser bewusst werden. Die Libelle schenkt Ihnen Mut, die eigenen Ziele selbst zu verwirklichen und Ihre Träume nicht in Vergessenheit geraten zu lassen.

Der Otter

Das Krafttier Otter ist ein verspieltes Tier. Er steht symbolisch für Gemeinschaft, Harmonie, Hilfsbereitschaft und Originalität. Er hilft Ihnen, Ihre Beziehungen achtsam zu pflegen sowie Ihre eigenen Gefühle wahrzunehmen, diese zu verstehen und auf eine angemessene Art auszudrücken.

Der Rabe

Raben verfügen über eine tiefe Einsicht und sind als Mittler zwischen den Welten bekannt. Sie sind die Meister der Kommunikation und lehren uns als Krafttier Magie, Mystik und Manifestation. Das Krafttier Rabe kann Ihnen auch Dinge zurückbringen, die Sie bereits verloren glaubten.

Das Reh

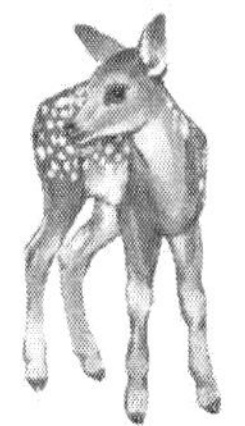

Das Reh oder der Hirsch ist ein besonders würdevolles Krafttier. Es steht für Anmut und Sanftheit, aber auch für Öffnung und Wachsamkeit. Das Reh kann Ihnen zeigen, wie Sie alle Hindernisse im Leben auf elegante Art und Weise umgehen. Im Rückzug findet das Reh mit Ihnen gemeinsam zu neuer Klarheit.

Der Wolf

Das Krafttier Wolf ist ein starkes Schutztier und hat einen ausgesprochenen Gemeinschaftssinn. Er steht für Führung, Loyalität und Stärke. Dieser Begleiter fordert Sie auf, sich klar zu äußern, instinktiv bzw. intuitiv zu handeln und Menschen Sicherheit zu geben. Auch die Familie und die Gemeinschaft stehen unter seinem Schutz.

Krafttiermeditation – ein Krafttier um Rat fragen

Audiodatei 5

Begeben Sie sich in eine entspannte Position und schließen Sie die Augen. Atmen Sie langsam durch die Nase ein und lassen Sie den Atem tief in die Lunge sinken. Halten Sie den Atem kurz an und lassen Sie die Luft dann durch den Mund entschwinden. Atmen Sie auf diese Weise 3- bis 5-mal ein und aus, bis Ihre Gedanken Ruhe gefunden haben. Setzen Sie nun Ihre Absicht: „Ich möchte mein Krafttier um Rat fragen." Verharren Sie einige Momente in Ihrer ruhigen Atmung und lassen Sie alle Bilder, Formen und Farben vorbeiziehen. Sobald sich Ihr Blick etwas klärt, können Sie Ihr Krafttier still oder laut bitten, sich zu zeigen. Öffnen Sie nicht die Augen, sondern lassen Sie zu, dass Ihnen Ihr Krafttier auf diese Weise begegnet. Vielleicht können Sie es vor Ihrem inneren Auge sehen, vielleicht auch nur seine Anwesenheit spüren. Sobald Sie das Krafttier sicher an Ihrer Seite wissen, dürfen Sie ihm die Frage stellen, die Sie bewegt.

Lassen Sie nun alle Impulse, Botschaften und Informationen zu, die nun von Ihrem Krafttier ausgehen. Das Krafttier wird Ihnen entweder verbal antworten oder Symbole und Zeichen geben, die einen Rat zu Ihrem Anliegen bilden. Vertrauen Sie auf die Kraft Ihres Geisttieres und behalten Sie eine ergebnisoffene Haltung – auch wenn die Antwort des Krafttieres vielleicht nicht Ihren Wünschen entspricht.

Bedanken Sie sich bei Ihrem Krafttier für seinen Rat und verabschieden Sie sich respektvoll voneinander. Vertiefen Sie dazu den Atem wie zu Beginn der Meditation. Öffnen Sie langsam und in Ihrem Tempo die Augen und kehren Sie zurück in das Hier und Jetzt. Halten Sie die Botschaften Ihres Krafttieres in einem Notizbuch fest.

Anwendungen & Rituale

Auf Ihrem schamanischen Weg werden Sie allerlei Möglichkeiten finden, Ihre neu erworbenen Kenntnisse und Fähigkeiten anzuwenden. Schamanische Arbeit ist so vielfältig und divers wie die Welt selbst. Sie werden mit der Zeit ein Gefühl dafür entwickeln, welche Anwendungen zu Ihnen passen und welche sich für Sie noch nicht richtig anfühlen. An dieser Stelle werden wir Ihnen die bekanntesten und wichtigsten Praktiken und Rituale des modernen Schamanen vorstellen.

DIE PRAXIS DER KRAFTANWENDUNG

Das oberste Ziel eines Schamanen ist Harmonie. Aus dieser Harmonie heraus kann der Mensch heilen. In den meisten Kulturen ist der Schamane dafür zuständig, das Gleichgewicht zwischen den Welten zu halten. Dadurch ist er auch in der Lage, andere Menschen zur Heilung zu verhelfen. Heilung von anderen Menschen und von einem selbst geschehen im Grunde auf dieselbe oder zumindest ähnliche Art und Weise. Komplexere Probleme und chronische Krankheiten sollten Sie nie alleine heilen, wenn Sie noch am Anfang Ihrer schamanischen Ausbildung stehen. Allerdings können Sie sich auf eine sanfte Reise begeben, um die Balance nach und nach in Ihrem Leben wieder herzustellen. Seien Sie sich allerdings gewahr, dass die professionelle Arbeit eines Schamanen sehr wertvoll ist. Sie kann nicht einfach über Nacht erlernt werden, sondern erfordert einen langen spirituellen Weg. Auf diesen Weg können Sie sich begeben, indem Sie sich Schritt für Schritt den schamanischen Kraftanwendungen annähern.

Geistheilung

Wenn wir von Heilung sprechen, müssen wir zunächst einmal feststellen, was genau in uns nach Heilung verlangt. In anderen Worten: Woher kommt die Krankheit, die wir zu heilen ersuchen? In der schamanischen Praxis wird davon ausgegangen, dass eine spirituelle Krankheit die Ursache für körperliches und seelisches Leiden ist. Unser Geist erkrankt, wenn die Botschaften, die er uns wiederholt in Worten, Zeichen und Hinweisen hinterlässt, von uns nicht wahrgenommen und ignoriert werden.

Ritual zur Geistheilung

Ihr Geist ist mit Ihnen in der alltäglichen und der nicht alltäglichen Welt verbunden. Er schafft die Verbindungen zwischen Ihnen und den Welten. Mit diesem Ritual verbinden Sie sich explizit mit Ihrem Geist und nehmen ihn mit an einen Ort der Heilung. Der eigene Geist bildet im Schamanismus zusammen mit der Seele und dem Körper eine Einheit. Der Geist ist mit der höheren Welt verbunden und hat einen Zugang zu den anderen Welten.

Bauen Sie sich dazu an einem geliebten Ort einen Altar auf. An Ihrem Altar können Sie folgende Dinge gut gebrauchen: eine Handglocke, eine Klangschale, Myrrhenharz, duftende Blumen Ihrer Wahl und ätherisches Öl. Als Öl eignet sich Gardenienöl, denn es verbindet verlorene Freundschaften. Legen Sie sich außerdem eine Schale mit frischem Wasser bereit. Das Wasser stammt am besten aus einer natürlichen Quelle und ist unbehandelt. Für die Räucherung des Myrrhenharzes brauchen Sie außerdem eine feuerfeste Unterlage. Außerdem sollten Sie während des Rituals keinesfalls gestört werden.

Nehmen Sie sich dafür einen Moment Zeit, indem Sie sich hinsetzen und die Augen schließen. Rufen Sie jetzt Ihren Geist und bitten Sie ihn um Hilfe. Begeben Sie sich jetzt an Ihren Altar und läuten Sie die Glocke, um Ihren Geist zu rufen. Sie können Ihrem Geist auch explizit sagen, dass Sie bereit sind, mit ihm zusammen zu sein.

Das Myrrhenharz wird Ihrem Geist als Willkommensgeschenk dargeboten. Stellen Sie sich dabei vor, wie der Rauch jene Orte erreicht, die für Ihren Geist zugänglich sind, aber jenseits Ihres körperlichen Auffassungsvermögens liegen. Atmen Sie die Myrrhe ein und bieten Sie auch Ihrem Geist den Rauch an.

Geben Sie ein paar Blütenblätter der Myrrhe und ein paar Tropfen ätherisches Öl in das Quellwasser. Denken Sie dabei daran, wie Sie das Wasser mit Ihrer Seelenkraft aufladen. Lassen Sie das Wasser auf diese Weise noch kraftvoller werden.

Schließen Sie Ihre Augen und atmen Sie ein paar Minuten ruhig durch die Nase ein und wieder aus. Sobald Sie die Augen wieder geöffnet haben, zeichnen Sie das Unendlichkeitssymbol mit dem Finger über das Wasser.

Beginnen Sie nun, noch tiefer zu atmen. Der Atem darf den Unterbauch erreichen und dort Ihre Körpermitte mit Energie anreichern. Lassen Sie Ihren Atem nun die ganze Unterseite Ihres Bauches entlang wieder hoch in Ihre Kehle ziehen. Dabei können Sie den Klang „Mmm“ oder „Om“ in Ihrer Kehle vibrieren lassen.

Atmen Sie noch einmal tief ein und öffnen Sie dann den Mund. Pusten Sie die Luft beim Ausatmen ins Wasser. Wiederholen Sie diesen Vorgang dreimal und schließen Sie dann die Augen. Sie dürfen Ihre Stirn, oberhalb des dritten Auges, mit dem Wasser salben.

Salben Sie auch Ihre Thymusdrüse (den Punkt über der Brust), aber lassen Sie Ihre Hand dieses Mal für drei Minuten auf dem Punkt ruhen. Dann legen Sie beide Hände entspannt auf die Seite und kommen ins Fühlen. Wie geht es Ihnen jetzt? Was nehmen Sie wahr? Welche Gefühle, Gedanken, Sinnesempfindungen kommen auf Sie zu? Möchten Sie lächeln, sehen Sie Bilder?

Verweilen Sie hier und versuchen Sie, mit Ihrem Geist in Kommunikation zu treten. Egal, was er Ihnen gibt, empfangen Sie es in Liebe. Sobald Sie das Gefühl haben, dass Sie das Ritual beenden möchten, bedanken Sie sich bei Ihrem Geist – entweder in Worten oder in Form einer Notiz. Läuten Sie die Glocke, um das Ritual zu beenden.

Seelenrückführungen

Der Seelenverlust

Genau wie der Geist kann auch die Seele der Grund für eine körperliche Krankheit sein. Im schamanischen Glaube geht man davon aus, dass man im Laufe seines Lebens Teile der eigenen Seele verlieren kann. Ein gesunder und stabiler Körper bietet ein sicheres Zuhause für die Seele und nährt sie. Dadurch ist die Seele fest im Körper verankert. Ein Seelenverlust kann auf verschiedene Art eintreten. Einerseits kann ein abruptes und traumatisches Ereignis zur Abspaltung der Seele führen. Andererseits kann auch eine länger andauernde Schwächung der Seele oder eine schwere Krankheit zum Seelenverlust führen. Die Seele geht nie ganz verloren, vielmehr spalten sich die Seelenanteile vom diesseitigen Körper ab. Sie können daher durch verschiedene schamanische Rituale auch wiedergewonnen werden.

Seele, Körper und Geist bedingen sich in ihrer Gesundheit und Krankheit gegenseitig. Sind Geist und Körper geschwächt, kann auch die Seele darunter leiden, da ihre Verankerung in der diesseitigen Welt schwächer wird. Das kann ebenfalls zu einem Seelenverlust führen.

Traumatische Erlebnisse, die einen Seelenverlust hervorrufen können, sind zum Beispiel Kindesmissbrauch, Unfälle, Vergewaltigungen, aber auch Erpressungen. Zu den länger andauernden Ursachen für Seelenverlust gehören vor allem andauernder emotionaler Stress und permanente Angstzustände. Aber auch scheinbar banalere Dinge können einen Seelenverlust hervorrufen. Tägliche Routinen, die gegen unseren natürlichen Biorhythmus gehen, schaden der Seele.

Wenn Sie beispielsweise seit 30 Jahren um 6:00 Uhr morgens vom Klang des Weckers geweckt werden oder regelmäßig Nachtschichten arbeiten und so gegen Ihren eigenen Rhythmus leben, ist das ebenfalls ein denkbarer Grund für teilweisen Seelenverlust.

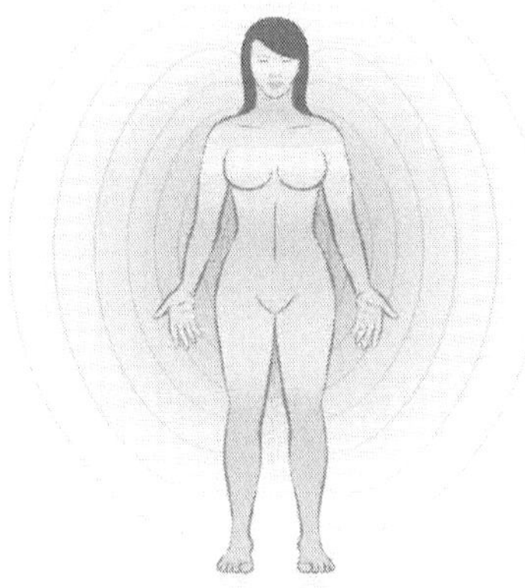
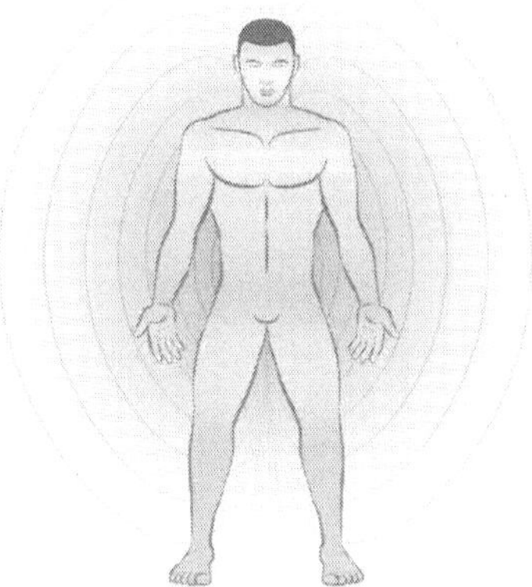

Auch Menschen, die uns mit negativer Energie umgeben, beeinflussen unsere seelische Gesundheit. Mobbing, Rufmord und das Einreden von Schuldgefühlen können Ihrer Seele schaden und ihre Verankerung schwächen. Ebenso können aber scheinbar positive Gefühle wie Liebe einen Seelenverlust bedingen. Liebe und Fürsorge können einen Menschen abhängig machen, deswegen sind Kinder, die von ihren Eltern verwöhnt werden, oft als Erwachsene weniger stabil als jene, die auch einmal negative Konsequenzen zu spüren bekommen. Darüber hinaus gibt es auch eine Form von schleichendem Seelenverlust, der sogar freiwillig ist. Bestimmt kennen Sie Geschichten, in denen Liebende kurz nacheinander an „gebrochenem Herzen“ sterben. In diesem Fall kann man mit seiner innigen Liebe bereits einen Teil der eigenen Seele an den eigenen Partner abgegeben haben. Das kurz darauf folgende eigene Dahinscheiden ist daher nur verständlich, da ein Teil der eigenen Seele bereits mit dem Partner gestorben ist.

Anzeichen eines Seelenverlustes

Seelenverlust kann zu vielfachen Beschwerden gehören. Eines der Hauptsymptome ist, dass man sich selbst nicht mehr im eigenen Körper verankert fühlt. Apathie und Gefühlskälte können sich einschleichen und auch die Wahrnehmung, dass ein Teil von einem selbst bereits tot sei.

Weitere Symptome eines Seelenverlustes sind:

- das Gefühl, neben sich zu stehen
- Orientierungslosigkeit
- Verlass und Fokus auf das Außen, um innere Leere zu füllen
- innere Unruhe und tiefgreifende Ängste
- Albträume, Schlafstörungen und Nervosität
- Verunsicherung
- geschwächtes Immunsystem
- emotionale Stimmungsschwankungen und Verstimmungen (Trauer, Grübel, Wut, Sorge)
- Suchtverhalten
- körperliche Leiden ohne ersichtliche oder nachweisbare Ursache (Psy chosomatik)

Die Seelenrückholung

Die Aufgabe des Schamanen ist es, die abgespaltenen Seelenanteile wieder zurückzuholen und im Körper zu verankern. Ein praktizierender Schamane begibt sich dafür auf eine schamanische Reise in die Anderswelten. Er lässt sich dabei von seinen geistigen Helfern beraten, unterstützen und führen. Diese geistigen Helfer sind neben den Krafttieren auch Götter, Lehrer und Ahnen.

Im Verlauf der Sitzung sucht der Schamane den verlorenen Seelenanteil und überzeugt ihn, zum Körper des Patienten zurückzukehren. Der Schamane kann den Seelenanteil dann wieder in den Hilfesuchenden einhauchen. Für die Integration des Seelenanteils ist der Klient dann selbst verantwortlich. Er wird sich zwar unmittelbar besser fühlen, muss den Seelenteil aber pflegen, um wieder vollständig zu genesen. Dazu muss er achtsam und bewusst vorgehen und ein liebevolles Zuhause bieten.

Seelenanteile integrieren

Die Integration des Seelenanteils muss jedoch vom Klienten auch gewollt sein, sonst kann sich der Seelenanteil genauso schnell wieder lösen, wie er zurückgekehrt ist. Aus diesem Grund benötigen schamanische Seelenrückholungen oftmals eine sorgsame Vorarbeit. Die verloren gegangenen Seelenanteile altern nicht und verändern sich nicht, bis sie wieder reintegriert werden. Sie verharren an den Orten, an denen sie verloren gingen, und warten sozusagen ab. Von daher muss man Geduld zeigen, wenn man verloren gegangene Seelenanteile wieder in sich aufnimmt. Um die Seelenanteile wieder miteinander zu vereinen, gibt es eine Vielzahl von Aufgaben und Ritualen, die man im Alltag gut durchführen kann.

Am wichtigsten ist es, dass die eigenen Impulse wieder stärker wahrgenommen und nicht ignoriert werden. Gerade bei Seelenanteilen, die früh im Leben verloren gegangen sind, äußern sich deren Bedürfnisse häufig auf emotionaler Ebene. Die Wünsche und Bedürfnisse dieses Seelenanteils können durchaus dem entsprechen, was Sie in diesem Alter gewollt und gefühlt haben. Allerdings äußern sich die Bedürfnisse meistens sehr ruhig und unaufgeregt. Wenn Sie beispielsweise als Kind einen Seelenanteil verloren haben und diesen nun reintegrieren, kommt in Ihnen vielleicht eine impulsartige Freude auf, wie wenn Sie als Kind an einem Spielzeugladen vorbeigehen. Diesen Impulsen sollten Sie große Aufmerksamkeit schenken. Es spricht beispielsweise nichts dagegen,

dem reintegrierten Seelenanteil eine Freude zu bereiten und ihm ein kleines Geschenk zu machen. Je mehr Sie sich selbst die Bedürfnisse und Wünsche erfüllen, die Ihrem neu integrierten Seelenanteil vorenthalten wurden, desto besser läuft die Seelenintegration ab. So können Sie auf eine neue Art in Kontakt mit sich selbst treten und wieder heilen.

Ritual der Selbstliebe

Indem Sie sich auf die positiven Dinge im Leben fokussieren, können Sie auch dem wiedergewonnenen Seelenanteil zeigen, was Sie mögen. Immerhin muss sich dieser Seelenanteil an Ihren Körper und die gereifte Seele genauso gewöhnen wie umgekehrt. Selbst kleinste und banalste Dinge können dem Seelenanteil einen guten Eindruck vermitteln.

Machen Sie sich dazu bewusst, was Ihnen Freude bereitet. Das kann Ihr Lieblingsessen sein, ein besonders geliebter Talisman oder auch ein Lied. Ein Saunabesuch oder eine Kaffeepause können ebenfalls Momente der Freude sein, die es sich zu intensivieren lohnt. Versuchen Sie, sich in solchen Momenten achtsam zu verhalten und einen Augenblick innezuhalten. Nehmen Sie Kontakt mit Ihrem zurückgewonnenen Seelenanteil auf, indem Sie ihn im Stillen ansprechen und ihm Ihre Freude am Moment mitteilen. Sollten Sie es tatsächlich einmal vergessen, dem Seelenanteil in dem Moment die Botschaft zu senden, können Sie es auch im Nachhinein noch tun. Gehen Sie am Abend die schönen Momente des Tages noch einmal durch und teilen Sie Ihrem wiedergewonnenen Seelenanteil mit, wie sehr Sie sich darüber freuen, dass Sie wieder vereint sind. Es hilft zudem, die Erlebnisse in ein Tagebuch zu schreiben.

Das „Wasser des Lebens"-Ritual

Dieses besondere Ritual ist vor allem für jene Seelenanteile gedacht, die einen kleinen Tod gestorben sind. Das bedeutet, dass sie uns entweder bereits während der Geburt abhandengekommen sind oder mit Suizidgedanken und Nahtoderfahrungen in Zusammenhang stehen. Natürlich ist dieses Ritual auch für die Reintegration anderer Seelenanteile wohltuend.

Suchen Sie sich für dieses Ritual einen ruhigen, ungestörten Platz. Am besten ist es, wenn Sie einen See oder ein anderes ruhiges Gewässer aufsuchen, an dem Sie sich ungestört aufhalten können.

Stellen Sie sich zunächst an einen nahegelegenen Baum und lehnen Sie sich an. Spüren Sie die Energie des Baumes, der Ihnen zusätzlich Kraft und Unterstützung bietet. Begeben Sie sich gestärkt zu dem See (oder Bach o. Ä.), gehen Sie barfuß hinein und schließen Sie nun die Augen. Stellen Sie sich vor, dass dieses Wasser Ihr eigenes Leben symbolisiert. Lassen Sie sich dabei gerne Zeit und vertiefen Sie Ihren Atem. Möglicherweise sehen Sie Bilder vor Ihrem inneren Auge. Lassen Sie diese kurz vorbeiziehen und auf sich wirken. Ihr Leben darf wie ein kurzer Film an Ihnen vorbeiziehen. Alle schönen und weniger schönen Momente können von Ihnen betrachtet werden. Wenn Sie beim heutigen Tag angekommen sind, atmen Sie ruhig und entspannt. Mit jedem Atemzug gehen Sie tiefer zu den Seelenanteilen, die wieder integriert werden möchten. Laden Sie diese Anteile ein, den Moment mitzuerleben.

Jetzt fassen Sie so viel Mut wie möglich und sagen bewusst und mit Entschlossenheit „Ja" zu allen Teilen Ihrer Seele und dem wiedergewonnenen neuen Leben. Bejahen Sie alles – das Positive und das Negative – und stimmen Sie vor allen Dingen allem zu, was noch auf Sie zukommt. Wenn Sie dieses „Ja" spüren, lassen Sie sich rückwärts ins Wasser fallen und tauchen in Ihr neues Leben ein.

Nehmen Sie sich für dieses intensive Ritual viel Zeit. Manchmal gelingt es einem nicht sofort, alle Anteile zu integrieren und wieder vollständig zu sein. Es ist daher auch vollkommen in Ordnung, wenn Sie mehrere Versuche wagen. Dieses Ritual ist äußerst wirkungsvoll, da es sowohl der gesamten Seele als auch den verlorenen Seelenanteilen die Möglichkeit gibt, sich mit voller Kraft ins Leben fallen zu lassen.

Energieübertragung

Die Energieübertragung ist eine Technik, mithilfe derer kosmische Energie genutzt wird, um Menschen neue Kraft zu verschaffen. Jeder Mensch besitzt die Fähigkeit, Energie zu übertragen. Die bekannteste Form von Energieübertragung ist das Handauflegen (Pranaheilung und Reiki). Dabei wird meist durch das direkte Auflegen einer Hand an den Energiezentren des Körpers ein Klient mit frischer Lebensenergie versorgt. Die Hände müssen dabei nicht direkt auf dem Körper auflegen, sondern sich lediglich darüber befinden. Das Besondere an der Energieübertragung ist, dass Sie dabei nicht die eigene Energie übertragen. Vielmehr dienen Sie als Mittler der kosmischen Energie. Daher ist es von ungeheurer Wichtigkeit vor einer Energieübertragung, das Universum und Ihre geistigen Helfer anzurufen, um Sie mit entsprechender Kraft zu versorgen und darum zu bitten, als Kanal dienen zu dürfen.

Übung: Energieübertragung

Für diese Übung benötigen Sie einen Partner. Ihr Partner darf sich vor Sie hinsetzen oder gemütlich hinlegen. Die Position sollte für Sie beide bequem und angenehm sein. Legen Sie Ihre Hände mit den Handflächen nach oben auf die Oberschenkel und lassen Sie die Schultern entspannt.

Zunächst müssen Sie Kontakt zum Universum aufbauen. Dafür schließen Sie beide Augen. Stellen Sie sich nun beim Einatmen vor, wie die Energie aus dem Universum in Sie hineinfließt – am besten von oben über die Scheitelkrone, das sogenannte Kronenchakra. Die Energie strömt in den Bauchraum und den Beckenbereich ganz in Sie hinein. Halten Sie den Atem kurz an und stellen Sie sich beim Ausatmen vor, wie die Energie über den Bauchraum und das Herz in Ihre Arme und Ihre Hände strömt. Ihre Hände füllen sich wie Schalen mit dieser heilsamen Energie.

Sie dürfen Ihre Hände nun auf den zu Behandelnden legen. Am besten positionieren Sie die Hände an einer Stelle am Körper der Person, die ihr Beschwerden macht. Nehmen Sie wahr, wie Ihre Hände dabei möglicherweise warm werden und zu kribbeln beginnen. Ihr Partner wird diese Wärme ebenfalls spüren.

Atmen Sie erneut ein und lassen Sie die Energie aus dem Kosmos wie zuvor in sich hinein und durch Sie strömen. Lassen Sie die Energie dieses Mal beim Ausatmen in Ihren Partner hineinfließen.

Wiederholen Sie diesen Vorgang etwa 5- bis 10-mal. Sobald Sie das Gefühl haben, fertig zu sein, entspannen Sie sich einen Moment. Lassen Sie die Energie aufhören, zu fließen, und vertiefen Sie beide gleichsam Ihren Atem. Bedanken Sie sich vor Abschluss der Heilsitzung bei Ihren geistigen Helfern und dem Kosmos, dass Sie diese Unterstützung bekommen haben.

Fernheilung

In der Vorstellung vieler Menschen findet Energieübertragung direkt im Zelt eines Schamanen statt. Tatsächlich kann Kraft aber auch über eine große Distanz übertragen werden.

Übung: Jemandem Kraft senden

Es ist nicht unwahrscheinlich, dass Sie diese Form von Kraftübertragung bereits geübt haben. Immer wenn wir beten, gute Wünsche senden oder an jemanden denken, üben wir im Prinzip eine Form von Kraftübertragung aus. Besonders das Gebet hat eine spirituelle Stärke, da es nicht die eigene, sondern die Kraft des Universums zur Hilfe sendet. Bevor Sie anfangen, dieses Ritual zu vollziehen, setzen Sie eine klare Absicht: „Mein Wunsch ist es, xxx (Name einsetzen) Energie zu spenden." Setzen Sie sich für diese Übung an einen gemütlichen Ort und legen Sie Ihre Hände mit den Handflächen nach oben auf die Oberschenkel. Atmen Sie mehrmals ruhig ein und aus und setzen Sie sich mit dem Kosmos in Verbindung. Visualisieren Sie dazu, wie die Energie aus dem Universum von oben in Ihren Scheitel eindringt, Ihren Körper durchfließt und schließlich in Ihren Händen landet. Denken Sie nun an den Menschen, dem Sie etwas Gutes tun wollen, und visualisieren Sie sein Gesicht (unter Umständen hilft auch ein aktuelles Foto, das Sie sich zuvor ansehen können). Bitten Sie das Universum und Ihre geistigen Helfer, die durch Sie strömende Energie an diesen Menschen zu senden. Stellen Sie sich nun vor, wie die heilsame Energie aus Ihren Händen hinausströmt und die geliebte Person erreicht. Sie füllt jede Zelle ihres Körpers, bringt ihr Kraft, Freude und Glück. Es ist sehr wichtig, dass Sie die Energie des Kosmos in sich aufnehmen, bevor Sie Energie versenden. Auf diese Art und Weise belebt auch Sie diese Meditation. Andernfalls fühlen Sie sich selbst vielleicht erschöpft und kraftlos, weil Sie versehentlich Ihre eigene Energie weitergegeben haben. Sobald Sie fertig sind, bedanken Sie sich bei Ihren geistigen Helfern und kehren in das Hier und Jetzt zurück, indem Sie Ihren Atem vertiefen. Zünden Sie eine Kerze an und denken Sie noch einen Moment an diesen Menschen.

DIE MACHT DES MONDES

Unsere Erde unterliegt der ständigen Beeinflussung der Gestirne. Den bedeutendsten Beitrag zu den Geschehnissen auf unserer Erde leistet neben der Sonne der Mond. Da der Mond schon seit Menschengedenken gesehen, fasziniert, bestaunt und vergöttert wird, spielt er in vielen naturschamanischen Ritualen auch eine bedeutende Rolle.

Der Mond – eine Kraftquelle

Der riesige Himmelskörper erleuchtet so manch dunkle Nacht und wird in fast allen Kulturen verehrt. Ihm werden magische Kräfte nachgesagt und viele Menschen berichten, dass der Mond ihren Schlaf beeinflusst. Rituale wurden und werden in vielen Urkulturen nach den Mondphasen ausgerichtet, Gemüse und Obst nach ihnen ausgesät und den Mondgöttern Geschenke dargebracht. Auch heutzutage erfreuen sich Mondkalender einer überaus großen Beliebtheit. In diesen Kalendern sind die einzelnen Phasen des Mondes verzeichnet, so dass man seine Tätigkeiten danach ausrichten kann. Tatsächlich geht vom Mond eine große energetische Kraft aus. Mancher wird belächelt, wenn er sagt, er schlafe schlecht wegen des Vollmondes. Dabei ist es allgemein bekannt, dass die gigantische Anziehungskraft des Mondes dafür sorgt, dass das Meer sich im Zuge der Gezeiten zurückzieht und wiederkehrt. Es ist also gar nicht abwegig, zu denken, dass er auch auf die einzelnen Bewohner der Erde eine ähnliche Wirkkraft hat – zumal wir als Menschen zum Großteil aus Wasser bestehen.

Sonne und Mond

Der Mond ist kein Einzelkämpfer. Das Licht, das er auf die Erde wirft, spiegelt er von der Sonne. Auch deswegen bildet der Mond in fast jeder Kultur das Gegenstück der Sonne. Während die Kraft der Sonne zu Wachstum anregt, schenkt uns das sanfte Mondlicht Ruhe. Die Sonne lässt mit ihrer Wärme Früchte reifen und gedeihen, die Kühle des Mondes schenkt dem Boden Zeit, sich zu erholen und loszulassen. Die Sonne ist der Tag und der Mond die Nacht: Entsprechend symbolisiert die Sonne auch auf der energetischen Ebene das Bewusstsein und der Mond das Unbewusste. Er ist als Spiegel der Sonne auch der Spiegel der Seele.

Wir sehen den Mond am Himmel in seiner relativen Position zu den anderen Gestirnen, inklusive der Erde. Ob Sie einen Neumond oder einen

Vollmond sehen, ist abhängig davon, inwieweit die Erde im Schatten der Sonne steht. Dieses Phänomen nennt man auch die Mondphasen: In 29,5 Tagen hat der Mond die Erde umkreist und seinen Zyklus vollendet, also alle Mondphasen einmal durchlaufen. Obwohl er immer derselbe ist, verändert er sich doch von Tag zu Tag.

Diese Mondphasen kann man in zwei gleich bedeutsame Hälften teilen: Während sich der Mond mit Sonnenenergie füllt, befindet er sich in der aktiven Phase. In der ruhenden Phase nimmt der Mond weniger Sonnenstrahlen auf.

Mondenergie

Obwohl der Mond gut 380.000 Kilometer von der Erde entfernt ist, entfaltet sich seine sagenhafte Kraft unterschiedlich entlang der verschiedenen Mondphasen. Sein Zyklus spiegelt sich in den meisten Körpern der Menschen wider. So dauert auch der weibliche Zyklus etwa 28 Tage. Auch deshalb wird dem Mond eine feminine Kraft zugeschrieben. Diese weibliche Kraft beinhaltet Gefühl und Emotion, Kreativität und die Intuition. Die Mondenergie entfaltet sich je nach Mondphase in unterschiedlicher Form. Daher unterscheiden sich auch die Rituale phasenspezifisch.

Die Mondphasen

Neumond

Bei Neumond ist die schattige Seite des Mondes der Erde zugewandt. Daher erscheint er uns unsichtbar, gleichwohl er am Nachthimmel steht. Ganz dem Namen gerecht, bietet der Neumond die Ideale Grundlage für Neuanfänge.

In dieser Mondphase ist die Mondenergie am geringsten. Das erleichtert das Loslassen alter Gewohnheiten, Glaubenssätze und Energien. Räucherrituale, um diese loszuwerden, sind zu dieser Zeit besonders effektiv. Durch die sanfte und lösende Energie des Mondes wird Ihnen außerdem der Zugang zu sich selbst erleichtert. Nehmen Sie sich Zeit für sich selbst und kommen Sie zur Ruhe. Jetzt ist der richtige Augenblick, um Träume, Ziele und Wünsche für den kommenden Mondzyklus festzulegen.

Tipp: Nehmen Sie sich am besten jetzt alle Ziele vor, die zur Reinigung Ihres Körpers beitragen. Dazu gehört auch ein digitales Detox, bei dem Sie auf die Verwendung technischer Geräte so gut es geht verzichten. Auch Ernährungsumstellungen, räumliche Änderungen wie Streichen und neue Routinen werden am besten bei Neumond aufgebaut.

Übung: Dankbarkeitsritual zum Neumond

Beginnen Sie das Ritual, indem Sie Ihren Raum vorbereiten. Legen Sie sich ein Notizbuch bereit und zünden Sie Kerzen an. Auch Kristalle, Symbolbilder und Federn können zur Vorbereitung auf das Ritual arrangiert werden.

Sie fangen an, indem Sie den Raum ausräuchern. Dazu können Sie getrockneten weißen Salbei, Palo Santo (heiliges Holz aus Südamerika, sehr harzig und sehr wirkungsvoll) oder Räucherstäbchen verwenden. Lassen Sie den Rauch die alten Energien forttragen und Platz für Neues schaffen. Setzen Sie sich nun gemütlich hin und notieren Sie 5 bis 10 Menschen und Erlebnisse des letzten Mondzyklus, für die Sie dankbar sind. Fühlen Sie in diese Dankbarkeit hinein und nehmen Sie sich einen Augenblick Zeit, die Wärme in Ihrem Herzen zu spüren.

Jetzt können Sie eine Liste mit allen Visionen und Wünschen für die kommenden vier Wochen erstellen. Schließen Sie hierfür die Augen und tauchen Sie tief in jeden einzelnen Wunsch ein. Visualisieren Sie alles: Wie werden Sie sich fühlen, wie wird es aussehen, was werden Sie denken, wenn Ihr Wunsch erfüllt wird?

Lassen Sie zum Schluss Ihren Wunsch in Liebe und Dankbarkeit los und kommen Sie zurück ins Hier und Jetzt.

Zunehmender Mond

Mit zunehmendem Mond zeigt sich der Mond immer mehr. Entsprechend wird die Phase des zunehmenden Mondes als eine Zeit des Wachstums angesehen. Sie erhalten nun die Möglichkeit, mehr ins Handeln zu kommen. Das heißt, dass nun auch die Zeit gekommen ist, Ihre Pläne in die Tat umzusetzen. Sie dürfen Ihrem Weg vertrauen und sich mit sicherem Herzen auf ihn begeben.

Auch kleine Veränderungen an Ihren Zielen sind jetzt möglich. Die frische Energie erleichtert es Ihnen außerdem, soziale Kontakte zu knüpfen und zu stärken. Seien Sie neugierig und lassen Sie neue Menschen und neue Energien in Ihr Leben.

Übung: Journaling zum zunehmenden Mond

Beginnen Sie, Ihre Ziele zu strukturieren, und legen Sie To-do-Listen an. Dafür können Sie ein Notizbuch verwenden – gerne jenes, in dem Sie auch Ihr Dankbarkeitsritual verfassten. Schreiben Sie Ihre Gedanken und Gefühle auf. Auch Ziele und Wünsche dürfen in das Notizbuch übertragen werden.

Journaling ist nicht nur eine tolle Achtsamkeitsübung, sondern hilft Ihnen auch dabei, sich mit sich selbst wohlzufühlen. Das Aufschreiben trägt zur Bildung von Routinen bei, die Ihnen Struktur und Halt im Leben bringen. Ein weiterer positiver Effekt ist, dass Ihre Wertschätzung auch für die vielen kleinen guten Dinge in Ihrem Leben gestärkt wird.

Vollmond

Bei Vollmond ist der Mond vollständig sichtbar, da die Erde dem Licht der Sonne nicht im Weg steht. Mit dem Vollmond erreicht der Mondzyklus seinen energetischen Höhepunkt. Diese Energie können Sie vielseitig nutzen. Besonders die Kreativität wird durch die frische Mondenergie gefördert. Sie dürfen in dieser Zeit gerne einen Blick auf Ihre Erfolge werfen und sich für die Dinge feiern, die Sie bislang erreicht haben. Außerdem ist die Vollmondphase ideal, um wichtige Entscheidungen zu treffen. Die Vollmondphase gilt zudem als Zeit der Heilung, in der sich auch alte seelische Wunden schließen dürfen. Ein Bad im Vollmondlicht kräftigt Sie besonders und gibt Ihnen viel Energie für die kommenden Tage. Besonders Kristalle und Heilsteine sollten im sanften Mondlicht aufgeladen werden. Die hohen Energien und Schwingungen können Sie außerdem aufnehmen, indem Sie so viel tanzen, singen und lachen, wie Sie können.

Übung: Ritual des Loslassens zum Vollmond

Dieses Ritual bildet den Ausgleich zum Neumondritual. Schaffen Sie sich einen Ort, der Sie erdet und Sie in Ruhe versetzt. Zünden Sie eine Kerze an und schmücken Sie den Raum mit frischen Blumen und Symbolbildern. Suchen Sie sich ein feuerfestes Gefäß, zum Beispiel eine Schale. Ziel dieses Rituals ist es, das Wachstum zu fördern, indem blockierende Gedanken losgelassen werden. Das Ritual beginnen Sie mit einer Räucherung. Nutzen Sie dazu weißen Salbei, Palo Santo oder Räucherstäbchen. Setzen Sie sich nun vor die Schale und nehmen Sie ein Blatt zur Hand. Schließen Sie die Augen für einen Moment und gehen Sie kurz in sich. Sie können den Zettel in kleinere Stücke schneiden, wenn Sie möchten. Auf jeden Zettel schreiben Sie nun alle Emotionen, Erfahrungen, Gedanken und Glaubenssätze, die Sie in den letzten vier Wochen gehemmt haben. Geben Sie die Zettel nun in die Schale und gehen Sie die Sätze noch einmal in Gedanken durch. Dann können Sie die Zettel anzünden und zu

Rauch werden lassen. Das Ritual wird in Liebe beendet. Sprechen Sie dazu laut aus, wie viel Dankbarkeit Sie dafür empfinden, die losgelassenen Erfahrungen gemacht zu haben.

Abnehmender Mond

Beim abnehmenden Mond kehrt der Mond uns sozusagen mehr und mehr seine Schattenseite zu. Beginnen Sie nun keine neuen Projekte mehr, sondern schließen Sie die bereits laufenden ab. In dieser Phase können Sie sich wieder mehr zurückziehen und reflektieren, was Sie erreicht haben. Die gesammelten Erfahrungen bereichern Ihren Wissensschatz. Dieses Wissen dürfen Sie auch gerne mit anderen teilen. Alles, was Ihnen jetzt nicht mehr dient, können Sie loslassen. Mit diesem Prozess bereiten Sie sich auf den nächsten Neumond vor, bei welchem Sie mit frischer Energie starten können.

Übung: Platz für Neues zum abnehmenden Mond

Nehmen Sie sich einen Nachmittag Zeit, einmal alles durchzugehen, was Ihnen nicht mehr taugt in Ihrem Leben. Prüfen Sie auch Ihren Kleiderschrank und verabschieden Sie sich von allem, was Sie nicht mehr tragen. Besonders wenn die Jahreszeiten wechseln und sich das Wetter ändert, lohnt es sich, einmal alles komplett durchzugehen und sich zu trennen. Wenn Sie außerdem einen neuen Haarschnitt möchten, ist jetzt die ideale Zeit dafür.

Kraft zentrieren

Begeben Sie sich für diese Übung an einen Ort, der Ihnen persönlich Kraft spendet. Am besten finden Sie diesen in der Natur. Es muss sich hier um keinen universellen Kraftplatz handeln: Es reicht aus, wenn der Platz Ihnen persönlich Ruhe und Energie verleiht.

Setzen Sie sich in den Schneidersitz auf den Boden oder auf einen Stein und schließen Sie die Augen.

Atmen Sie fünfmal tief und gleichmäßig ein und wieder aus. Nehmen Sie dazu über die Nase frische Luft ein und halten Sie den Atem kurz an. Beim Ausatmen durch den Mund formen Sie, wenn es Ihnen möglich ist, die Silbe „Om“.

Reiben Sie nun Ihre Handflächen ganz leicht aneinander, so dass sie sich ein wenig erwärmen. Dann halten Sie Ihre Hände in einem bis zwei Zentimeter Abstand zueinander. Die Handflächen fangen leicht zu kribbeln an, während Sie Ihre Energie in Ihrer Mitte zentrieren. Gehen Sie in sich und spüren Sie die Wärme. Sobald Sie das Gefühl haben, führen Sie die beiden Hände wieder zusammen und vertiefen erneut Ihre Atmung. Kommen Sie zurück an Ihren Ort und genießen Sie das entspannte Gefühl in Ihrem Körper.

Kraftobjekte

Ein Kraftobjekt ist ein Ritualgegenstand, der für einen speziellen Zweck oder eine spezielle Person individuell hergestellt wird. Das Kraftobjekt verbindet in sich die Kräfte aller Welten und kann dem Träger des Kraftobjektes im Ritual ebendiese Kräfte zur Verfügung stellen. Kraftobjekte von Schamanen sind meistens Trommeln, Rasseln, Räuchergefäße oder Amulette.

Bei der Erstellung des Kraftobjektes gilt wie immer: Je näher, desto besser. Das heißt, alle Materialien sind in Ihrer unmittelbaren Umgebung auffindbar und sollten genutzt werden, da sie eine viel stärkere Kraft in unserem Kulturkreis haben. Sie brauchen keine exotischen Federn oder Felle, um ein Kraftobjekt herzustellen. Kraftobjekte sollten, wenn möglich, persönlich hergestellt werden, da sie so am besten die Kraft des Trägers repräsentieren und bündeln.

Das Kraftobjekt erhält seine Macht vor allem durch die Absicht und Energie, in der es ausgewählt oder erstellt wird. Diese Absicht sollte sein, dem Träger des Objektes Führung, Schutz und Stärke zu bringen. Der Schamane ist so fähig, seine Kraft auf dieses Objekt zu fokussieren und zu bündeln. Dadurch füllt es sich mit Energie und wird zu einem wichtigen Werkzeug. Das Kraftobjekt kann, je nach Zweck, auch spezifisch ausgewählt werden und fungiert als Kanal für spirituelle Energien.

Darüber hinaus geben Kraftobjekte dem Schamanen Trost und Kraft und unterstützen ihn auch in schwierigen Zeiten.

Was die Materialien der Kraftobjekte betrifft, so ist der Auswahl keine Grenze gesetzt. Besonders beliebt sind Kristalle und Federn, aber auch Kräuter spielen eine wichtige Rolle. Ein tierischer Kraftgegenstand hilft beispielsweise dabei, mit einem Tiergeist in Verbindung zu treten. Die Form des Kraftobjektes kann einen ähnlichen Zweck erfüllen: Eine kleine Figur könnte beispielsweise einen Gott oder einen Ahnen symbolisieren. Das wichtigste Merkmal des Kraftobjektes ist, dass Sie mit ihm resonieren. Immerhin soll das Kraftobjekt es Ihnen erleichtern, mit den geistigen Energien der Welt umzugehen.

Funktionen des Kraftobjektes

Ein Kraftobjekt kann Ihnen bei der Durchführung von Ritualen und im alltäglichen Leben dienlich sein. Funktionen des Kraftobjektes sind:

- die Verstärkung von Energien des Trägers
- Hilfe bei der Fokussierung bei Ritualen
- Schutz vor negativen Energien und Wesenheiten
- Verstärkung der Manifestationskraft von Zielen und Wünschen
- Erkenntnis und Weisheit durch das erleichterte Erreichen höherer Bewusstseinsebenen

Kraftobjekt-Auswahl

Der Auswahlprozess des Kraftobjektes ist persönlich und intuitiv. Hören Sie auf Ihre innere Stimme und wählen Sie nur ein Kraftobjekt aus, wenn es auch mit Ihrem Inneren in Resonanz geht. Natürlich können Sie einzelne Objekte, wie beispielsweise Kristalle, auch nachrecherchieren und so Überlegungen anstellen, welches Material für Sie am besten geeignet ist. Am wichtigsten bei der Auswahl des Kraftobjektes ist, dass Sie es mit der Absicht wählen, Ihnen hilfreich zur Seite zu stehen.

Grundlegend können Sie bei der Auswahl beachten, dass Sie sowohl auf Ihr Bauchgefühl als auch auf Ihre körperlichen Reaktionen auf das Objekt achten. Manchmal fühlen wir uns regelrecht elektrisiert, wenn wir mit Dingen in Kontakt kommen, mit denen wir in Resonanz gehen. Wenn sich das Objekt richtig anfühlt, dann wird es auch richtig für Sie sein. Sie können auch Ihr Krafttier oder die Geister zu Rate ziehen, um das geeignete Kraftobjekt zu finden. Zeichen und Symbole können ebenfalls hilfreich in diesem Prozess sein.

Kraftobjekt Meditation

Suchen Sie sich einen friedlichen Ort, an dem Sie zur Ruhe kommen können. Bevor Sie mit der Meditation beginnen, setzen Sie eine Absicht fest. Das kann beispielsweise sein, Klarheit darüber zu bekommen, was Ihr Kraftobjekt sein soll und welche Eigenschaften es hat.

Beginnen Sie nun, tief ein- und auszuatmen. Mit jedem Atemzug gehen Sie tiefer in sich hinein und lassen alle Gedanken los, die Sie ablenken. Beginnen Sie nun, sich vorzustellen, wie Sie mit verschiedenen Kraftobjekten in Kontakt kommen. Sie können visualisieren, wie sie sich anfühlen, wie sie in Ihrer Hand liegen und wie sie aussehen. Hören Sie dabei auf Ihr Gefühl und merken Sie sich, wenn Sie sich zu einem bestimmten Objekt hingezogen fühlen. Wenn Sie das Gefühl haben, eine Erkenntnis erlangt zu haben, begeben Sie sich langsam auf die Rückkehr, indem Sie sich wieder auf das Atmen fokussieren.

Schreiben Sie nach der Meditation Ihre Empfindungen und Erfahrungen auf. Sie können diese Meditation auch mehrfach wiederholen und dadurch Vorlieben erkennen. Sowohl die Meditation als auch die nachfolgende Reflexion setzen eine tiefere Selbstwahrnehmungsebene frei. So verbinden Sie sich mit Ihren individuellen Bedürfnissen und erlangen eine bessere Erkenntnis über sich selbst.

GROSSE TRÄUME

Träume sind Schäume – so sagt man. Nicht so im Schamanismus. Für einen Schamanen sind Träume alles andere als sinnlos. Denn auch Träume beherbergen ein großes energetisches Potential und können eine Verbindung zu den anderen Welten darstellen.

Vom Wesen des Traumes

Träume enthalten Botschaften von verschiedenen geistigen Wesen. Das können die Geister der Ahnen sein, das eigene Krafttier oder andere wegweisende Begleiter. In einigen schamanischen Kulturen glaubt man, dass die Träume eine Form schamanischer Reise darstellen. Der Träumer verließe während des Traumes seinen Körper und wandere durch die Welt. Wie wir bereits feststellen konnten, haben Träume und schamanische

Reisen tatsächlich gemeinsam, dass sie bei einer ähnlichen Gehirn-Frequenz stattfinden und mit visuellen Stimuli einhergehen.

Um die Botschaft des Traumes zu verstehen, kann der Träumer einen Schamanen bitten, in der geistigen Welt nach der Antwort zu suchen. Sind Sie selbst bereits gereist, können Sie auch allein eine Reise zum Zwecke der Traumdeutung antreten.

Träume werden darüber hinaus als „von Geistern erzeugt" angesehen. Neben den geistigen Begleitern ist auch der eigene Geist daran beteiligt. Auch Geister, die mit Menschen verschmolzen sind, können Träume generieren. Entsprechend gilt, dass der Traum nicht nur vom Menschen selbst kommt, sondern auch von anderen geistigen Wesen. Je nachdem, wie eng die Verbindung zwischen Geist und Mensch ist, beeinflussen die Geister den Traum für eine kürzere oder längere Zeit. Nicht jeder Traum stammt wiederum von anderen Geistern.

Der Traum selbst entfaltet sich als Botschaft der Geister. Nicht nur eigene Reisewege werden darin verarbeitet, er kann auch Metaphern, Bilder und Botschaften beinhalten. Es gibt vielfältige Geister, die Träume erzeugen können – das Wissen um ihre jeweiligen Eigenschaften eignen sich Schamanen im Laufe ihres Ausbildungsweges an. Sie können aus der Ober-, Unter- und der Mittelwelt stammen und sind entweder helfend und schützend oder leidend und invasiv.

Erkenntnisgewinn

Da die Träume besondere Botschaften erhalten und zu Erkenntnissen führen, kann man das Träumen selbst auch als eine Art spirituelles Erwachen bezeichnen. Ein sogenannter „Großer Traum“ ist die Manifestation eines persönlich helfenden Geistes. In den großen Träumen vermitteln die helfenden Geister wichtige spirituelle Kraft und Erkenntnisse. Es gibt zwei Arten von großen Träumen:

- ein Traum, der sich mehrmals über längere Zeit wiederholt
- eine Vision, die meistens in Form eines Wachtraums stattfindet

Träumen, die sich wiederholen, sollten Sie entsprechend besondere Beachtung schenken. Sie sind die Manifestation Ihrer geistigen Helfer und kommen aus einem bestimmten Grund zu Ihnen. Visionen hingegen sind Eingebungen, die als überwältigende Erfahrungen wahrgenommen werden. Im Wachtraum befinden Sie sich in einem Zustand, in dem Ihnen Ihr Träumen bewusst ist. Wenn Ihnen in dieser Verfassung eine Vision erscheint, wird ihr Einfluss und ihre Botschaft markerschütternder sein, da Sie sie bewusst wahrnehmen, verarbeiten und darauf reagieren können. Großen Träumen sollte aufgrund ihrer hohen Bedeutungskraft auch besonders viel Aufmerksamkeit geschenkt werden. Das kann während der spirituellen Arbeit geschehen, aber auch im Alltag praktiziert werden. Schreiben Sie sich die großen Träume auf und achten Sie darauf, wo Ihnen die Zeichen in Ihrem alltäglichen Leben wieder über den Weg laufen. Übrigens erfolgen große Träume nicht nur im Schlaf, auch während der schamanischen Arbeit oder in einem erleuchtenden Moment können große Träume auftauchen. Da es unendlich viele Möglichkeiten gibt, durch die die Geister Ihnen im Traum eine Botschaft senden können, gibt es auch keine eindeutigen Interpretationsmöglichkeiten. Es liegt an jedem Schamanen selbst, in Kontakt mit der Geisterwelt zu treten und über diesen Kontakt die Metapher und Botschaften der Träume zu entschlüsseln.

Träume nutzen

Ihre Träume können eine wichtige Ressource sein, wenn Sie sich auf Ihren persönlichen Weg der Heilung begeben. Die Botschaften, die Sie im Traum erhalten, können Ihnen Dinge aufzeigen, mit denen Sie sich im Wachzustand nicht (genug) auseinandersetzen.

Umgekehrt können Sie Ihre Träume in Ihrer Realität auch wahr werden lassen. Überdenken Sie alte Strukturen und Muster, die Sie in Ihren Träumen wiederfinden können. Handeln Sie mutig oder eher apathisch? Mit welchen Menschen und Tieren setzen Sie sich auseinander? Haben Sie ein gutes Gefühl dabei oder ein schlechtes?

Wenn Sie Ihren letzten Alptraum für sich restrukturieren könnten, was würde sich ändern, damit aus dem schlechten ein guter Traum wird?

Mithilfe dieser Fragen können Sie einen einfachen und tiefen Einblick in Ihr Seelenleben erlangen und sich von Altlasten besser befreien.

Heilen und Wirken mit Pflanzenkraft

Pflanzen sichern unser Leben. Sie reinigen unsere Luft, versorgen uns mit Nahrung und heilen uns mit ihren mystischen Kräften. Die Heilpflanze spielt in der schamanischen Tradition eine bedeutsame Rolle. Pflanzen mit heilsamen Kräften gibt es überall auf der Welt. Oft sind die simpelsten unter ihnen die wirkungsvollsten. Was für viele Gärtner einfach nur „Unkraut" ist, ist für Schamanen, die um Ihre Macht wissen, ein wichtiger Begleiter bei der Arbeit.

Auch abseits des Schamanismus kann man eine große Bedeutung von Pflanzen in jeder Kultur der Welt entdecken. Früher rieb man mit ihnen Wunden ein, gab sie als Tee bei Krankheiten oder nutzte sie sogar als Herrschersymbole. Die Selbstverständlichkeit, mit der die Menschen um die Bedeutung der Pflanzenkraft wussten, ist auch heute noch nicht gänzlich verloren gegangen. Einen guten Kamillen- oder Salbeitee hat wahrscheinlich jeder schon einmal während einer Erkältung genossen.

HEILENDE PFLANZEN IM ÜBERBLICK – DIE ALLROUNDER

Eigenschaften von Heilpflanzen

Als Heilpflanzen bezeichnet man diejenigen Kräuter und Pflanzen, deren besondere Wirkstoffe traditionell und effektiv zum Heilen einer Beschwerde genutzt werden können. Nicht jede Pflanze wird in jedem Land als Heilpflanze angesehen – die kulturelle Bedeutung der jeweiligen Pflanze fußte früher noch in ihrem natürlichen Verbreitungsgebiet. Mit dem aufkommenden Handel wurden auch immer exotischere Pflanzen als Heilkraut in anderen Regionen beliebt. Wie wir bereits erwähnten, lohnt es sich, immer die Pflanzen als Heilkraut zu nutzen, die auch natürlicherweise in Ihrem Umfeld vorkommen. Aber auch hier gilt: Leben Sie nicht in der Vergangenheit. Einige Pflanzen, die aus exotischen Ländern nach Europa gekommen sind, gedeihen hier hervorragend. Können

Sie sich beispielsweise italienische Küche ohne Tomaten vorstellen? Die Tomatenpflanze kommt ursprünglich aus Südamerika, erhielt aber besonders in Italien optimale Bedingungen, um sich zu vermehren. Genau wie Tomaten zur italienischen Küche gehören, gehören die Pflanzen, die in Ihrem Garten gut wachsen, auch zu diesem Ort. Ihre eigenen Vorfahren wanderten immerhin auch vor tausenden von Jahren in Ihr Heimatland ein.

Wirkstoffe in Heilpflanzen

Viele Heilpflanzen können im eigenen Garten angepflanzt werden oder sind wild pflückbar. Einige werden sogar kommerziell angebaut, da sie für die Kosmetikindustrie genutzt werden. Viele Inhaltsstoffe der Pflanzen können sogar synthetisch hergestellt werden – die natürlichen Inhaltsstoffe sind der synthetischen Kopie jedoch immer vorzuziehen.

Grundsätzlich gilt: Jede Heilpflanze verfügt über bestimmte pflanzliche Wirkstoffe, die eine Heilwirkung entfalten können. Bei diesen Wirkstoffen handelt es sich meistens um sekundäre Pflanzenstoffe, die keinen direkten Einfluss auf das Wachstum der Pflanzen haben. Diese Farb-, Aroma- und Duftstoffe erfüllen in der Natur eher andere Zwecke, wie beispielsweise das Anlocken von Insekten, die bei der Fortpflanzung helfen, und das Abstoßen von Schädlingen.

Die wichtigsten und bekanntesten sekundären Pflanzenstoffe sind:

Bitterstoffe, Aminosäuren, Gerbstoffe, Polyphenole, ätherische Öle, Saponine und Flavonoide. Einige Pflanzenstoffe sind, je nach Mengenverhältnis, auch giftig für Menschen – dazu gehören Alkaloide, unter anderem Nikotin.

Die 10 wichtigsten Heilpflanzen

In unserem Kulturkreis gibt es unglaublich viele wirksame Heilpflanzen. Obwohl sowohl Auswahl als auch Anwendungsbereiche sehr umfangreich sind, haben sich einige Allrounder im Laufe der Zeit besonders hervorgetan. Zudem gibt es neben diesen 10 wichtigsten Heilpflanzen noch etliche weitere, nicht minder wirksame Heilpflanzen.

Brennnessel

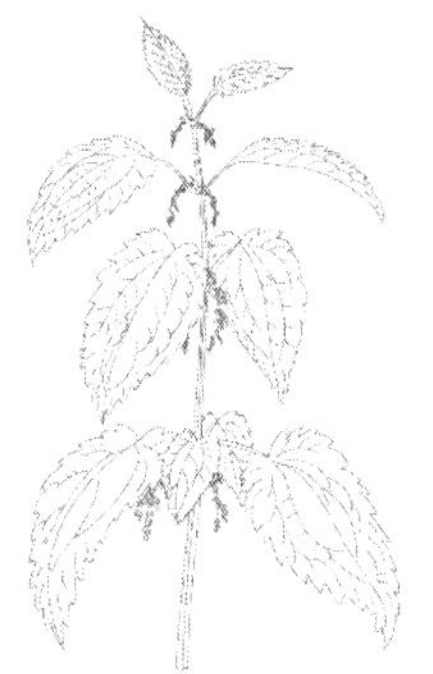

Da die Haare der Brennnessel allergische Reaktionen in Form von Bläschen auf menschlicher Haut auslösen, ist die Brennnessel eine sehr unterschätzte und zu Unrecht unbeliebte Pflanze. Ihre vielfältige Heilkraft sucht nämlich seinesgleichen. Lediglich Brennnesseltee erfreut sich auch in der breiten Gesellschaft an Anerkennung. Die Brennnessel weist jedoch viele wichtige Inhaltsstoffe wie Vitamine und pflanzliche Proteine auf. Sie besitzt entzündungshemmende und schmerzlindernde Eigenschaften. Besonders bei Nieren- und Harnwegserkrankungen kann sie als Heilkraut eingesetzt werden. Die Brennnessel führt nämlich zu einer verbesserten Ausscheidung von Flüssigkeit und sorgt so dafür, dass der Körper quasi im Blitztempo von Giftstoffen gereinigt wird.

Von der Brennnessel können sowohl Triebspitzen als auch Blätter, Wurzeln und Samen in verschiedenen Formen zu Heilmitteln aufbereitet werden.

Löwenzahn

Der Löwenzahn ist eine sehr besondere Pflanze, die oft am Wegrand gefunden werden kann. Am besten bekannt ist er den meisten wahrscheinlich wegen seiner romantischen Form, seine Samen als Pusteblume zu verbreiten.

Der Löwenzahn kann aber noch viel mehr: Er ist eine sehr robuste und widerstandsfähige Pflanze, die sich ihren Weg regelmäßig auch durch Asphaltspalte bahnt. Sie können Löwenzahn als Frischpflanzensaft zu sich nehmen oder seine schmackhaften Blätter einem Salat beigeben. Seine Heilkraft wirkt sich vor allem auf alle Verdauungsorgane aus und verbessert den Stoffwechsel. Mithilfe von Löwenzahn werden deshalb auch oft Fasten- oder Entschlackungskuren durchgeführt.

Im Herbst enthalten die Wurzeln übrigens weniger Bitterstoffe als im Frühjahr, dafür aber natürliches Inulin, welches für Diabetiker besonders geeignet ist, da es den Blutzuckerspiegel nicht beeinflusst.

Artischocke

Bereits im alten Ägypten schätzte man diese Pflanze für ihre Heilwirkung. Das Innere der Artischocke wird nur allzu gern in Speisen zubereitet. Getrocknete Artischockenblätter werden jedoch auch heute noch als Tee zubereitet. Artischocken-Extrakt gibt es auf dem Markt zu kaufen, er versorgt Sie mit notwendigen Mineralstoffen, Spurenelementen und Ballaststoffen

wie Inulin. Diese Pflanze verfügt zudem über eine wundervolle Fülle an Bitter- und Pflanzenschutzstoffen (Flavonoide).

Artischockensaft enthält noch mehr Wirkstoffe als Tee und bietet guten Schutz für die Leber.

Mariendistel

Die Mariendistel ist eine Wildpflanze, die vor allem im südlicheren Teil Europas beheimatet ist. In ihr birgt sich ein großer Vorrat an dem Pflanzenwirkstoff Silymarin, der gegen Pilzvergiftungen verwendet wird. Die Heilwirkung der Mariendistel erstreckt sich vor allem auf die Leber, aber auch auf den Stoffwechsel. Gerade deswegen wird sie oft genutzt, um Lebererkrankungen wie Zirrhose oder Hepatitis begleitend zu behandeln.

Mariendistel eignet sich für die Herstellung von Tee, ist aber mittlerweile auch in Form von Kapseln oder Tabletten erhältlich.

Beifuß

Beifuß ist eine Pflanze, die in ganz Europa beheimatet ist. Allerdings kannte man den Beifuß auch schon im alten China.

Traditionell verwendete man den Beifuß hierzulande als Gallen- und Magensaft. Aus diesem Grund würzt man auch viele fettige und schwer verdauliche Speisen mit diesem Kraut.

In der Traditionellen Chinesischen Medizin nimmt der Beifuß einen großen Stellenwert ein. Seine Stängel werden getrocknet und auf bestimmte Hauptpunkte der Energiebahnen des Körpers gesetzt.
Beifuß gilt außerdem als krampflösend, weswegen er im alten Rom auch als Mittel gegen Menstruationsbeschwerden genutzt wurde. Er kann getrocknet und frisch verwendet werden.

Rosenwurz

Rosenwurz gilt als Antidepressivum der Naturheilkunde. Rosenwurz hat die Eigenschaft, Angst, Depressionen und Belastungen bei Stress zu vermindern. Bei den alten Wikingern wurde Rosenwurz auch in verschiedenen Ritualen genutzt, um die Gemeinschaft zu stärken. Durch seine harmonisierende Wirkung erhielt Rosenwurz den Ruf, Menschen in Einklang mit sich selbst und ihrer Umwelt zu bringen. Auch die sibirischen Schamanen wussten um diese Eigenschaft der Heilpflanze.

Als Extrakt oder Tee hilft Rosenwurz noch heute, Stress zu lindern. Diese Wirkung ist übrigens sehr gut untersucht worden: Man fand heraus, dass die verschiedenen Wirkstoffe des Rosenwurz in ihrer einzigartigen Kombination den Serotonin- und Dopamin-Abbau im Gehirn hemmen. Serotonin und Dopamin gelten als wichtigste Stimmungs-Neurotransmitter. Durch die verlangsamte Absenkung von Dopamin- und Serotoninspiegel werden Stimmungstiefs und Antriebslosigkeit sanft vermindert.

Baldrian

Baldrian kennen viele Menschen als Mittel zur Verbesserung des Schlafs. Bereits in der Antike nahm man Baldrian als Mittel zur Heilung der Hysterie. Vielerorts wurde angenommen, dass diese Pflanze zudem Schutz vor dem Bösen geben würde.

Baldrian kann bei erhöhtem Blutdruck helfen und sorgt für einen besseren und schneller einsetzenden Schlaf. Besonders häufig wird er mit Passionsblume und Melisse gemeinsam als Schlaftee angeboten. Auch in Kapselform ist Baldrian als natürliches Schlafmittel bekannt. Alle Bestandteile von Baldrian können für die Zubereitung von Heilmitteln eingesetzt werden. Besonders sanft ist beispielsweise die Verwendung seiner Blüten zum Füllen von Kissen, die einen ähnlich beruhigenden Effekt wie Lavendelkissen haben.

Melisse

Melisse wird auch Zitronenmelisse genannt, da sie einen besonders aromatischen und zitrusfruchtartigen Duft aufweist. Sie gilt als eine der am längsten altherkömmlich genutzten Wildpflanzen.

Über die Jahrtausende hinweg wurde die Melisse vielfach geschätzt und verehrt. So wurde zur Zeit des bekannten Mediziners Paracelsus das Öl der Melisse in Gold aufgewogen.

Die Melisse hilft bei jeglichen Beschwerden, die mit gestörten rhythmischen Abläufen zu tun haben. Dazu gehören der Schlaf-Wach-Rhythmus, der Zyklus der Frau und Herzbeschwerden. Nach alten Überlieferungen soll sie für anmutige Träume sorgen. Gemeinsam mit Baldrian und Passionsblume ist sie häufig als Bestandteil eines Schlaftees anzutreffen. Sie wirkt antibakteriell, virusstatisch und entzündungshemmend.

Weidenrinde

Die Weidenrinde galt im Mittelalter als Mittel gegen Fieber. Sie wirkt schmerzlindernd und fiebersenkend.

Einer der wichtigsten Wirkstoffe der Weide ist das Salicin, welches in der menschlichen Leber zu Salicylsäure umgewandelt wird. Dieser Wirkstoff ist heutzutage synthetisch hergestellt als Aspirin bekannt (Acetylsalicylsäure).

Weidenrinde wird als Kaltwasserauszug, in pulverisierter Form oder als Heiltee genutzt.

Ringelblume

Die Ringelblume hat nicht nur eine wundheilende, sondern auch eine desinfizierende Wirkung. Wunden, schlecht heilende Narben und Hauteiterungen werden schon seit Jahrhunderten mit ihrer Hilfe behandelt. Sie ist in der Medizin und Kosmetik sehr gut unter ihrem wissenschaftlichen Namen Calendula officinalis bekannt. Die Ringelblume wird sehr häufig zur äußeren Anwendung genutzt. Ihre größte Verbreitung hat sie in Form von Cremes und Tinkturen. Allerdings ist auch der Ringelblumentee sehr bekömmlich und kann bei Erkältungen und Fieber eine entzündungshemmende Wirkung haben. Dazu werden vor allen Dingen die Blüten der Ringelblume verwendet. Die Blüten werden am besten an Sonnentagen geerntet, wenn sie offen und trocken sind.

Weitere bedeutungsvolle Pflanzen

Über diese Allrounder hinaus gibt es selbstverständlich noch viele weitere wichtige und magische Pflanzen, die in Naturheilkunde und schamanischen Traditionen eine besondere Bedeutung haben. In ihrer Heilkraft zeigen sich unzählige Pflanzen als sinnvolle Begleiter der Menschen. Auch wird ihnen eine starke rituelle Bedeutungskraft zugeschrieben. So gilt Knoblauch als Glücksbringer, Basilikum soll Freude verbreiten und die Akazie dient dazu, die Botschaften der Geister aufzufangen.

Natürliche Inhaltsstoffe in Heilpflanzen

Die natürlichen Inhaltsstoffe der Pflanzen bieten zahlreiche Anwendungsmöglichkeiten. Um diese zu extrahieren und zu verstärken, werden bestimmte Bestandteile der Pflanze zu Tee, Saft und Gewürzen verarbeitet. Eine weitere Extraktionsmöglichkeit ihrer essenziellen Wirkstoffe eignet sich vor allem für äußere Anwendungen. Dabei handelt es sich um alkoholische Kräuterauszüge (Tinkturen) und Öle. Tinkturen werden hergestellt, indem die Wirkstoffe der Pflanzen mithilfe von Alkohol oder Essig gelöst werden. Alkohol hat zudem auch eine desinfizierende Wirkung, weshalb Pflanzenwirkstoffe so auch konserviert werden. Solche Tinkturen können entsprechend weiterverarbeitet und Bestandteil von Cremes, Hustensaft und Tropfen werden.

Grundrezept: Kräutertinktur

Portionen: 1

Dauer: 15 Min. + 6 Wochen Ruhezeit

Schwierigkeitsgrad: Einfach

Zutaten:

ca. 50 g Kräuter
ca. 200 ml genießbarer Alkohol mit mind. 40 % Vol. Konzentration (z. B. hochkonzentrierter Weingeist)
Kaffee- oder Teefilter zum Abseihen
Schraubglas zur Reifung
kleine Flaschen aus Braunglas (Tropfflasche)

Zubereitung:

1. Dieses Grundrezept zur Kräuterextraktion können Sie für die verschiedensten Tinkturen anwenden.
2. Säubern Sie zunächst die Kräuter unter klarem Wasser und schütteln Sie sie aus.
3. Zerkleinern Sie die Kräuter, wenn notwendig, ansonsten brauchen die Tinkturen länger zum Ziehen.
4. Füllen Sie die Kräuter in das Glas, bis es etwa halb voll ist. Die Kräuter sollten sehr dicht aneinander stehen und nicht „locker" eingefüllt werden.
5. Bedecken Sie die Kräuter nun vollständig mit dem Alkohol.
6. Lassen Sie die Tinktur ca. vier bis sechs Wochen zur Reifung an einem dunklen Ort ziehen. Ausnahme ist Johanniskraut-Tinktur, die traditionellerweise in der Sonne reift. Der Alkohol löst die Wirkstoffe während dieser Zeit nach und nach aus. Schütteln Sie die Tinktur regelmäßig, damit sich die Wirkstoffe besser lösen.
7. Füllen Sie die fertige Tinktur durch ein Sieb oder eine Filtertüte in kleine braune Flaschen ab. Durch den hohen Alkoholgehalt sind die Tinkturen sehr lange haltbar. Die Lagerung sollte allerdings an einem dunklen, kühlen, trockenen Ort erfolgen.

Tipp: Achten Sie darauf, dass Sie bei alkoholhaltigen Tinkturen unbedingt genießbaren Alkohol benutzen. Er darf nicht mit Benzin gespickt sein, da die Tinktur innerlich und äußerlich anwendbar bleiben soll. Blüten und Blätter können mit 40-prozentigem Alkohol extrahiert werden, festere Kräuter und Früchte mit 60 % und Rinden und Wurzeln mit mindestens 90 % Alkohol. Tinkturen, die bei Kindern sowie bei Menschen, die auf Alkohol verzichten möchten, zur Anwendung kommen sollen, können alternativ mit Essig hergestellt werden.

Generell gilt: **Arbeiten Sie stets steril.**

Anwendungsgebiete von Kräutertinkturen

Kräutertinkturen können direkt verwendet oder weiterverarbeitet werden. Eine Auflistung bekannter Tinkturen und ihrer unmittelbaren Anwendbarkeit finden Sie hier:

Tinkturen und ihre Anwendung	
Nelken-Tinktur	gegen Blähungen
Kastanien-Tinktur	gefäßstärkend
Baldrian-Tinktur	Beruhigungsmittel
Nelkenwurz-Tinktur	Zahnfleischbeschwerden
Propolis-Tinktur	gegen Schleimhautverletzungen
Löwenzahn-Tinktur	zur Behandlung von Warzen
Lavendel-Tinktur	beruhigend & gegen Migräne
Ringelblumen-Tinktur	gegen Entzündungen
Thymian-, Kamille-, Salbei- und Minze-Tinkturen	als Hustentropfen

Herstellung von ätherischen Ölen

Eine weitere Möglichkeit, die Pflanzenkraft zu extrahieren, ist die Herstellung von ätherischen Ölen. Ätherische Öle sind dafür verantwortlich, dass einige Pflanzen einen wohltuenden Duft versprühen. Es handelt sich bei ihnen um konzentrierte Essenzen der Pflanzen, die aus bis zu 500 verschiedenen Stoffen bestehen können. Diese natürlichen Duftstoffe kann man aus Blättern, Schalen, Wurzeln, Blüten und Rinden verschiedener Pflanzen gewinnen.

Ätherische Öle haben viele positive Auswirkungen auf das Wohlbefinden. Über ihren Geruch können sie unsere Stimmung positiv beeinflussen und sogar Hormonproduktionen regulieren. Auch auf der Haut können einige ätherische Öle helfen. Sie wirken schmerzlindernd, hautpflegend, anregend und vieles mehr. Die beliebtesten ätherischen Öle zeichnen sich durch ihren wundervollen Geruch und die damit einhergehenden Effekte aus.

Beliebte ätherische Öle

- Rosenblätter: zart blumiger Duft, der anregend und positiv wirkt
- Oreganoblätter: antibakteriell und entzündungshemmend auf der Haut
- Ringelblumenblätter: beruhigend und heilsam für die Haut
- Zitronenmelissenblätter: helfen gegen Pilze, Viren und Bakterien, auch bei Herpes einsetzbar
- Lavendelblüten: beruhigend, helfen bei Nervosität und Schlaflosigkeit
- Rosmarin: würziger und frischer Duft, hilft bei Konzentrationsschwäche und geistiger Erschöpfung
- Teebaumblätter: klären bei Erkältung die Atemwege und wirken bei Hautunreinheiten und Entzündungen desinfizierend

Ätherische Öle werden meistens in einem aufwendigen Verfahren destilliert. Dazu werden die jeweiligen Blätter auf einem Metallgitter verteilt und mit heißem Wasserdampf unter Druck behandelt. Dieser Prozess ist relativ aufwendig, sorgt aber dafür, dass die empfindlichen Aromen sehr gut erhalten bleiben.

Eine weitaus einfachere Methode, die auch für die Heimarbeit taugt, ist die Mazeration. Bei der Mazeration ziehen die Pflanzenblätter – wie bei der Herstellung von Tinkturen – über einige Zeit im Öl und werden dann entfernt.

Es gibt die Möglichkeit, das Mazerat sowohl kalt als auch warm herzustellen. Die warme Methode gelingt wesentlich schneller, hat aber den Nachteil, dass einige Inhaltsstoffe der Öle verdampfen.

KALTE MAZERATION VON ÄTHERISCHEN ÖLEN – GRUNDREZEPT

Portionen: 1

Dauer: 25 Min.

Schwierigkeitsgrad: Mittel

Zutaten:

50–100 g Pflanzenblätter oder Kräuter Ihrer Wahl
300 ml Jojobaöl (alternativ: Mandelöl)
Gefäß zur Aufbewahrung
Sieb
Topf

Zubereitung:

1. Waschen und trocknen Sie die Kräuter, die Sie für das Öl verwenden möchten. Füllen Sie ein sterilisiertes, verschließbares Glas zu einem Drittel mit Pflanzenblättern.
2. Gießen Sie das Gefäß mit einem hochwertigen Öl auf. Grundsätzlich darf jedes Speiseöl verwendet werden, jedoch sollte man auf geschmacksintensive Öle (wie Olivenöl) verzichten.
3. Verschließen Sie das Glas und lassen Sie das Öl an einem dunklen und vorzugsweise kühlen Ort ziehen.
4. Wenn Blätter und Blüten braun werden, ersetzen Sie sie durch frische Pflanzenteile. Lassen Sie den Kaltauszug mindestens zwei Wochen lang ziehen, gerne etwas länger. Nach der Ziehphase kann das Öl durch ein Sieb gefiltert und nach Belieben genutzt werden.

Tipp: Das Gefäß muss unbedingt luftdicht verschlossen sein, da sonst das Öl samt Inhalt zu schimmeln beginnt oder ranzig wird. Achten Sie darauf, frische und nicht verunreinigte Zutaten zu nutzen. Nutzen Sie keine Pflanze zur Herstellung eines Öls, deren Eigenschaften Sie nicht kennen – es gibt Pflanzen, die sich nicht zur Herstellung von Ölen eignen und/oder die mitunter sogar giftig sein können!

WARME MAZERATION VON ÄTHERISCHEN ÖLEN – GRUNDREZEPT

Portionen: 1

Dauer: 10 Min.

Schwierigkeitsgrad: Mittel

Zutaten:

50–100 g Pflanzenblätter oder Kräuter Ihrer Wahl
300 ml Jojobaöl (Alternativ: Mandelöl)
Gefäß zur Aufbewahrung
Topf

Zubereitung:

1. Waschen und trocknen Sie die Kräuter, die Sie für das Öl verwenden möchten.
2. Füllen Sie Ihr sterilisiertes Aufbewahrungsgefäß zu einem Drittel mit Pflanzenblättern.
3. Geben Sie das Öl in einen Topf. Erhitzen Sie das Öl auf ca. 60 °C. Nehmen Sie, wenn möglich, einen Thermostat, um die Temperatur genau zu messen.
4. Gießen Sie das Gefäß mit dem heißen Öl auf. Das Mazerat muss ca. 2–3 Stunden ziehen, dann können Sie es bereits abseihen und in eine luftdicht verschlossene Flasche füllen.

Tipp: Beachten Sie, dass bei hoher Temperatur wichtige Inhaltsstoffe der Pflanzen verloren gehen können. Zu niedrige Temperaturen sorgen dafür, dass einige Inhaltsstoffe nicht richtig gelöst werden. Das Mittelmaß ist wichtig!

Wund- und Heilsalben herstellen

Pflanzen eignen sich wundervoll zur Herstellung von Wund- und Heilsalben. Traditionell werden Wundsalben mit Fichtenharz hergestellt. Harz ist ein wundervolles Mittel, das Bäumen dabei hilft, ihre Wunden nach einer Verletzung wieder zu verschließen. Auch bei Menschen haben Harzsäuren und ätherische Harzöle antivirale und entzündungshemmende Eigenschaften. Die einfachere Alternative sind Bienenwachs und pflanzliche Öle, wie beispielsweise Kokosöl. Diese Materialien bilden die Grundlage zur Erstellung einer Heilsalbe. Bei der Verwendung von Harz müssen Sie vorsichtig sein, da nur bei weniger als 30 % Harzanteil die Wundversorgung angewandt werden sollte. Größere Mengen an Harz sollten nicht direkt auf die Wunde aufgetragen werden, können aber bei Gelenkschmerzen helfen.

Generell gilt: Klären Sie alle Ihnen unbekannte Wirkstoffe mit Ihrem Hausarzt ab und schauen Sie auf die Verträglichkeit. Auch wenn die meisten Stoffe ungiftig sind, ist es wichtig, kein Risiko einzugehen und sorgsam mit den Materialien der Natur umzugehen.

Zutaten und Materialien

Achten Sie bei der Auswahl Ihrer Zutaten darauf, dass diese aus biologischem Anbau stammen und möglichst regional sind. Am besten ist es natürlich, wenn Sie die Zutaten selbst sammeln. Wem das nicht möglich ist, der findet im Biomarkt oder im Reformhaus alles, was er zur Herstellung einer Salbe oder Creme braucht. Für die meisten Salben brauchen Sie nicht mehr als 5 Zutaten! Zur Aufbewahrung Ihrer Salbe können Sie eine leere, desinfizierte Cremedose verwenden. Grundsätzlich eignet sich auch hier jedes Gefäß, das luftdicht verschlossen werden kann und Hitze

verträgt. Cremes enthalten sowohl fetthaltige als auch wässrige Komponenten. Baumharz, Bienenwachs und auch anderes Wachs wie Lanolin (Wollwachs) gehören zu den fetthaltigen Komponenten. Die Geruchs- und Wirkträger können entweder frisch oder in wässriger Form hinzugegeben werden.

RINGELBLUMEN-WUNDSALBE

Portionen: 1

Dauer: 1 Std. 15 Min. (+ Auskühlzeit)

Schwierigkeitsgrad: Einfach

Zutaten:

80 g Sonnenblumenöl
30 g Baumharz
5 Ringelblumenblüten
20 g Bienenwachs

Zubereitung:

1. Geben Sie das Sonnenblumenöl in einen Topf und erhitzen Sie es auf 60 °C.
2. Fügen Sie nun Baumharz und Ringelblumenblüten hinzu. Jetzt ist ein wenig Geduld gefragt: Die Temperatur sollte konstant bei etwa 60–70 °C bleiben. Halten Sie diese Temperatur für etwa eine Stunde. Sieben Sie anschließend alle festen Zutaten ab. Fügen Sie das Bienenwachs hinzu und rühren Sie alles zusammen, bis das Wachs komplett aufgelöst ist.
3. Sie können die Salbe nun in ein Gefäß mit Schraubverschluss geben. Lassen Sie die Creme auskühlen und verschließen Sie dann den Deckel.
4. Bewahren Sie die Creme am besten an einem kühlen Ort, beispielsweise im Kühlschrank, auf. Da in dieser natürlichen Wundsalbe keine Konservierungsstoffe enthalten sind, ist sie nicht so lange haltbar wie künstliche Cremes und Salben. Im Kühlschrank hält sie jedoch einige Monate. Sollte die Creme nach einiger Zeit ranzig riechen, beenden Sie die Verwendung sofort.

Tipp: Ringelblumensalbe ist eines der besten Wundheilmittel und bestens zur Behandlung von Schürfwunden geeignet!

MELISSEN-CREME

Portionen: 1

Dauer: 25 Min.

Schwierigkeitsgrad: Mittel

Zutaten:

5 g Bienenwachs
2,5 g Kakaobutter
15 g Lanolin (Wollwachs)
40 g Pfirsichkernöl
40 g Rosenwasser
4 Tropfen Melissenöl
1 großer Topf für das Wasserbad
2 Marmeladengläser (sterilisiert)

Zubereitung:

1. Geben Sie das Bienenwachs, die Kakaobutter, das Lanolin und das Pfirsichkernöl in ein Marmeladenglas. In das andere Glas füllen Sie das Rosenwasser.
2. Erhitzen Sie in einem großen Topf Wasser auf 60–70 °C. Nehmen Sie den Topf anschließend vom Herd und stellen Sie beide Marmeladengläser hinein, sodass der Inhalt selbst nicht mit dem Wasser in Berührung kommt.
3. Sobald die einzelnen Komponenten sich aufgelöst haben, geben Sie den Inhalt des fetthaltigen Marmeladenglases (Wachs, Butter, Öl) in eine Rührschüssel und beginnen damit, die Zutaten zu verrühren. Gießen Sie die wässrigen Zutaten langsam hinzu. Das durchsichtige Fett verfärbt sich dabei milchig trüb.
4. Rühren Sie so lange, bis die Creme nur noch lauwarm ist. Fügen Sie jetzt das Melissenöl hinzu und rühren Sie es ein, bis eine homogene Masse entsteht.
5. Falls die Creme zu fest wird, können Sie sie nochmals kurz erhitzen oder durch Beimengen von erhitztem Öl wieder geschmeidiger machen. Ist die Creme zu flüssig, fügen Sie erhitztes Bienenwachs hinzu.
6. Creme abfüllen und auskühlen lassen. Die fertige Creme im Kühlschrank aufbewahren.

Anmerkungen:

Anstatt Ringelblumenblätter und Melissenöl können Sie jede andere Pflanze als Wirkstoffträger in den oben vorgestellten Rezepten nutzen.

Verarbeitung und Lagerung von Kräutern

Jeder kennt sie: die Küchenkräuter, die man sich im Garten, auf der Terrasse oder dem Balkon anpflanzt. Die meisten Menschen kaufen sich im Laufe Ihres Lebens mal das eine oder andere Küchenkraut. Allerdings ist Kraut nicht gleich Kraut. Die richtige Pflege ist sehr entscheidend für den Kräutererfolg.

Erntezeitpunkt von Kräutern

Bei einigen Kräutern ist der Erntezeitpunkt ausschlaggebend dafür, in welchen Mengen die gewünschten Inhaltsstoffe vorhanden sind. Es gibt einige Kräuter, die kurz vor der Blüte geerntet werden sollten. Dazu gehören Thymian, Basilikum, Minze und Zitronenmelisse. Bei Petersilie ist es besonders wichtig, sie vor der Blüte zu ernten – dieser Küchenallrounder wird nämlich nach der Blüte giftig. Andere Kräuter wiederum werden am aromatischsten, wenn sie in voller Blüte stehen, so auch Oregano, Majoran und Currykraut. Ernten Sie Ihre eigenen Kräuter am besten in der Morgensonne, also zwischen 9 und 10 Uhr. Wenn Sie insbesondere die Blüten der Pflanzen zur Extraktion benutzen möchten, achten Sie darauf, dass diese auch vollkommen geöffnet sind. Im Sinne des Gleichgewichtes sollten Sie nie alle Kräuter komplett abschneiden. Lassen Sie stattdessen ein paar Blumen und Stängel stehen. Die Insektenwelt und alle anderen Naturliebhaber werden es Ihnen danken!

Kräuter richtig trocknen

Für die Herstellung von Räuchermitteln trocknet man Kräuter. Getrocknete Kräuter eignen sich außerdem zur Zubereitung von Tee, wenn man sie über einen längeren Zeitraum lagern will. Kräuter zu trocknen ist ganz einfach. Am besten funktioniert dies über das sogenannte Lufttrocknen. Dafür benötigen Sie ein Garn, ein Backofen- oder Auskühl-

gitter, ein Baumwollgeschirrtuch, Gummibänder und einen dunklen, trockenen Ort, an dem Sie die Kräuter lagern können. Kräuter mit sehr kleinen Blättern werden am Stiel getrocknet. Dazu binden Sie die Kräuter in mehreren kleinen Bündeln mit einem Gummiband zusammen. Mithilfe des Garns hängen Sie die Büschel nun umgedreht an einen Deckenbalken oder an einem anderen erhöhten Ort auf.

Bei Kräutern mit großen Blättern entfernen Sie die Stängel vorsichtig. Bei Minze macht das beispielsweise einen großen aromatischen Unterschied. Decken Sie das Gitter mit einem Baumwollgeschirrtuch ab und verteilen Sie die Blätter darauf. Der Ort, an dem Ihre Kräuter trocknen, sollte warm, dunkel und am besten luftig sein. Größere Kräuterblätter benötigen circa eine Woche zum Trocknen. Die Bündel mit kleinblättrigeren Kräutern brauchen hingegen zwei Wochen. Sie können die Kräuter vorsichtig waschen, bevor Sie sie trocknen – allerdings geht dadurch einiges an Aroma verloren. In jedem Fall sollten Sie die Kräuter vor der Verarbeitung auf kleine Insekten untersuchen und diese entfernen.

Aufbewahrung und Lagerung

Getrocknete Kräuter können, sofern genießbar, zum Tee aufbereitet werden. Dafür geben Sie einfach einen kleinen Löffel Krautmischung in ein Teesieb und hängen dieses in eine Kanne. Den Tee gießen Sie ganz normal mit heißem Wasser auf.

Salbei, Thymian, Ringelblume und Kamille eignen sich besonders gut zur Teezubereitung. Bei der Ringelblume und der Kamille werden klassischerweise die Blüten und nicht die Blätter zur Teezubereitung genutzt. Baldrian, Melisse und Passionsblume bilden zusammen einen hervorragenden Schlaftee. Wer es noch etwas beruhigender mag, kann diese Kombination mit Lavendelblüten verfeinern. Ihrer Kreativität sind keine Grenzen gesetzt. Falls Sie eine sehr helle Küche haben, verschließen Sie Ihre getrockneten Kräuter am besten in einer dunklen Dose.

Sorgfalt im Umgang mit den Kräutern

Denken Sie beim Ernten Ihrer Kräuter daran, mit Liebe und Achtsamkeit vorzugehen. Der ganze Zubereitungsprozess lädt dazu ein, achtsam und sorgfältig mit der Natur umzugehen.

Da jede Pflanze im schamanischen Glauben eine Seele hat, tut es ihr gut, wenn Sie mit ihr reden. Ab und an ein positives Wort, ein kleines Kompliment, bereitet auch ihr Freude. Gehen Sie vorsichtig mit ihr um, wenn Sie sie ernten.

Sie dürfen die Pflanze auch gerne fragen, ob es für sie in Ordnung ist, Ihnen einen Teil von ihr zu geben, um Energie zu tanken. Stellen Sie Ihren Kräutern dazu einfach die Frage, bevor Sie ein Stück abschneiden. Wenn Sie das Gefühl haben, dass die Pflanze Ihrem Vorhaben zustimmt, bedanken Sie sich und ernten die Triebe.

Dieselbe Liebe dürfen Sie den Pflänzchen auch nach der Ernte geben. Segnen Sie Ihre Tinkturen, Tees und Räuchermaterialien. Dazu haben Sie mehrere Möglichkeiten. Zum Beispiel können Sie sich vor Anwendung darauf konzentrieren, dass die Heilmittel Sie von negativen Energien befreien und Sie mit frischer Energie füllen. Dabei halten Sie am besten Ihre Handflächen über das Heilmittel und senden gedanklich Segensenergie zu ihnen. Sie können auch mithilfe eines Satzes Ihre Kreation segnen. Sagen Sie dem Kraut zum Beispiel: „Ich segne dich mit Liebe und Licht aus dem Universum."

Räuchermischungen herstellen

Um Räuchermischungen selbst herzustellen, können Sie Ihre getrockneten Kräuter nutzen. Zusätzlich zu den Kräutern werden meistens Harze und Hölzer verwendet.

Die Zutaten einer Räuchermischung müssen sehr klein zerrieben werden. Das hat den Zweck, dass nach Vermischung der Zutaten ein homogener Duft entsteht. Klebrige Harze können zerkleinert werden, indem sie zuvor eingefroren werden. Hölzer lassen sich mit Feilen oder Reiben zerreiben. Getrocknete Blüten und Blätter können einfach im Mörser zerstoßen werden.

Zum Räuchern eignen sich prinzipiell alle Pflanzen, wobei es einige gibt, die intensivere oder angenehmere Gerüche versprühen als andere.

Beliebte Räucherpflanzen

Patchouli (Blätter): süßlicher und erdiger Geruch

Sandelholz (Holz): samtiger Duft, nimmt anderen Düften die Schwere

Weihrauch (Harz): würziger, leicht zitroniger Duft

Rose (Blätter): blumige und zarte Note, wird in Harzdüfte eingebunden

Myrrhe (Harz): holzig und würzig, kann bei innerer Unruhe und Einschlafstörungen helfen

Styrax (Harz): für Abendräucherungen, schwer süßlicher Duft

Eisenkraut (Blätter): hilft beim Konzentrieren, riecht pfefferminzartig

Rosmarin: steigert die Kreativität, frischer Duft

Gummi arabicum (Harz): duftlos, eignet sich zum Mischen mit Kräutern

Mit Weihrauch lassen sich Düfte außerdem ideal verfeinern. Dazu wird Weihrauch in Wein aufgelöst und unter die bereits vorhandene Räuchermischung gegeben. Nach ein paar Tagen ist die Masse getrocknet und Sie

können sie wieder zerkleinern. Für herbere Mischungen eignet sich Weißwein, für süßere Rotwein.

Die Kräutermischungen sollten trocken und dunkel gelagert werden, da sie ansonsten schimmeln oder nicht mehr zünden. Zudem lässt zu viel Hitze die Harze verkleben, deswegen eignen sich kühle Orte. Auch Sonneneinstrahlung kann dem Aroma schaden.

Für die Aufbewahrung der Räuchermischungen eignet sich grundsätzlich jeder Behälter, der fest verschließbar ist. Besonders schön sind kleine Fläschchen mit einem Korken.

Beim Räuchern riechen getrocknete Kräuter häufig ein wenig verbrannt. Harz verhindert diesen Geruch. Er sollte allerdings immer nur in kleinen Mengen dazugegeben werden, da sonst der Eigengeruch des Harzes die sanfteren Kräutergerüche übertönt. Gummi arabicum hat fast keinen Eigenduft und ist daher bestens geeignet, um eine Kräutermischung mit Harz aufzupeppen.

Zur Herstellung von Räuchermischungen brauchen Sie außer den bereits erwähnten Zutaten noch

- einen Mörser,
- einen Behälter zum Mischen,
- ein Fläschchen zur Aufbewahrung,
- einen Löffel aus Kupfer und
- einen Pulvertrichter.

Beim Räuchern darf man sehr experimentierfreudig sein. Sie werden bald intuitiv spüren, wann Sie etwas weniger und wann Sie etwas mehr von dieser oder jener Zutat hinzufügen sollten.

ROSEN-RÄUCHERUNG FÜR ENERGETISCHE REINIGUNG

Portionen: 1

Dauer: 5 Minuten

Schwierigkeitsgrad: Einfach

Zutaten:

3 TL Weihrauch
2 TL Myrrhe
1/2 TL Rosenblüten
1/2 TL Sandarak
1/2 TL Styrax

Zubereitung:

1. Geben Sie das Naturharz (Sandarak), Styrax, Myrrhe und Weihrauch in den Mörser und zerkleinern Sie die Mischung fein.
2. Die Rosenblüten hinzugeben und ebenfalls mörsern. Alles gut miteinander vermixen.
3. Rosenblüten entweder klein schneiden oder mit etwas Geduld auch mörsern (gemörsert werden sie feiner) und alles in eine kleine Flasche füllen.
4. Versiegeln Sie das Fläschchen wörtlich und im übertragenen Sinne. Mithilfe eines kleinen Stückes Washi-Tape ist das leicht gemacht. Halten Sie die fertige Räuchermischung kurz in den Händen und sprechen Sie einen Segen, mit dem Sie die Räuchermischung vor bösen Energien schützen und aus der Flasche fernhalten.

Tipp: Verwenden Sie für die Rosenblüten ausschließlich die Blätter – weder den Stil noch den Blütenkern.

Räuchermischungen

Zur energetischen Reinigung eines Raumes:

3 TL Weihrauch

2 TL Myrrhe

1 TL Sandelholz, weiß

Zur magischen Arbeit im Kreis:

4 TL Weihrauch

2 TL Benzoe Siam (Harz)

2 TL Myrrhe

1/2 TL Zimt

1/2 TL Rosenblüten

1 TL Sandelholz, weiß

1/4 TL Rosmarin

1/4 TL Eisenkraut

1/4 TL Lorbeer

Entspannungsräucherung:

2 TL Rosenknospen

2 TL Fenchel

1 TL Lavendelblüten

Räucherung zur Winternacht:

2 TL Johanniskraut

2 TL Rosenknospen

1 TL Weihrauch

1 TL Sternanis

1 TL Hibiskus

Räucherung für Lebenskraft:

2 TL Zedernholz

1/2 TL Zimt

1 TL Weihrauch

1 TL Benzoe Siam

Räuchern: Vorgehen und Sicherheit

Um Ihre Räuchermischung nun zur Anwendung zu bringen, brauchen Sie eine feuerfeste Schale. Zusätzlich sollten Sie noch eine feuerfeste Unterlage hinzunehmen, da feuerfeste Schalen sehr schnell Hitze übertragen. Daher ist es sinnvoll, auch den Boden unter der Schale zu schützen. Stellen Sie die Schale an einen Ort, an dem nichts Entzündliches in der Nähe ist (seien es Vorhänge, Geschirrtücher oder Papiere). Lassen Sie die Feuerschale nie unbeaufsichtigt und sorgen Sie dafür, dass weder Kinder noch Tiere in die Nähe der Schale kommen. Am besten halten Sie auch eine Löschdecke und einen Eimer Wasser bereit, um allen unangenehmen Überraschungen zuvorzukommen.

Bevor Sie mit Ihrer Räucherzeremonie beginnen, ist es sinnvoll, sich in einen ruhigen und entspannten Zustand zu versetzen. Nehmen Sie sich Zeit und bereiten Sie alles in Ruhe vor.

Füllen Sie die Schale mit Sand (z. B. Vogelsand) und geben Sie in die Mitte die Räucherkohle. Achten Sie darauf, unbedingt eine qualitative Räucherkohle zu verwenden, da andere Kohlen möglicherweise mehr Funken versprühen oder einen starken Eigengeruch aufweisen. Zünden Sie die Kohle nun an. Sobald sie weiß ist, können Sie einen Teelöffel Ihrer Räuchermischung auf die Kohle legen. Nun können Sie die Räucherschale entweder stehen lassen oder, wenn Sie Ihr Zuhause ausräuchern wollen, mit der Schale im Uhrzeigersinn durch Ihr Heim gehen und dieses entsprechend energetisch reinigen und segnen. Genießen Sie, wie sich der Raum mit Duft füllt, und schicken Sie ein Dankeschön an die Kräuter, Hölzer und Harze, denen Sie diesen Moment zu verdanken haben.

Naturenergetische Rituale im Alltag

Jetzt gibt es nichts anderes mehr für Sie zu tun als zu starten! Sie haben nun alle Werkzeuge an der Hand, um Ihre Reise anzutreten und sich mit der Welt und dem Kosmos in Verbindung zu setzen.

Ein besonders schöner Weg, die schamanischen Lehren im Alltag einzubauen, ist das Abhalten von Zeremonien. Der Definition nach sind Zeremonien Feiern, die nach einer festen Reihenfolge von Handlungen und Ritualen ablaufen. In einer klassischen gemeinschaftlichen Zeremonie gibt es in der Regel Zeremonienmeister, die für die Planung, Organisation und Abhaltung der Zeremonien zuständig sind.

Im Schamanismus sind Zeremonien vor allem dann wichtig, wenn belastende Dinge verabschiedet und neue begrüßt werden sollen. Das soll den Schamanen und die Teilnehmer näher zu ihrer ursprünglichen Schöpferkraft bringen.

Wenn Sie Zeremonien für sich selbst durchführen, sind auch Sie der Zeremonienmeister.

Dabei dient die Planung des Ablaufes nicht der strikten Vorgabe der einzelnen Bestandteile. Vielmehr hilft die Planung, den Vorgang achtsam zu vollziehen. Sie können also Ihre eigenen Regeln und Gesetze festlegen, solange diese im Einklang mit den Menschen, Tieren und Wesen in Ihrer Umwelt stehen.

An dieser Stelle möchten wir Ihnen daher fünf Wege präsentieren, wie eine schamanische Zeremonie in Ihren Alltag zu integrieren ist.

SCHAMANISCHE MORGENROUTINE

Eine sanfte Morgenroutine schafft eine großartige Grundlage für den kommenden Tag. Mit diesem schamanischen Self-Care-Ritual beginnen Sie den Tag mit frischer Energie und guter Laune, indem Sie sich etwas Gutes tun.

Morgenmeditation mit positiver Affirmation

Ein schöner Weg, den Tag in Empfang zu nehmen, ist eine kleine Morgenmeditation. Setzen Sie sich dafür unmittelbar nach dem Aufstehen auf eine Yogamatte oder eine gemütliche Wolldecke und schließen Sie für einen Moment die Augen. Atmen Sie dreimal tief durch die Nase ein und durch den geöffneten Mund wieder aus. Lassen Sie alle Gedanken, die Ihnen dabei kommen, vorbeiziehen und versuchen Sie, sich auf nichts Bestimmtes zu konzentrieren.

Sobald Sie das Gefühl bekommen, in diesem Moment angekommen zu sein, beginnen Sie, den Tag zu visualisieren. Stellen Sie sich dazu alles vor, was Sie an diesem Tag geplant haben – allerdings in der allerschönsten Version! Denken Sie also nicht an Probleme, die auftreten könnten, sondern stellen Sie sich bewusst vor, wie Ihnen alles mit Leichtigkeit gelingt. Spüren Sie dabei die Dankbarkeit und das Glück, die Sie für diese Momente empfinden.

Wenn Sie kein Frühaufsteher sind und sich nicht den ganzen Tag vorstellen möchten, können Sie auch alternativ eine ganz bestimmte Situation visualisieren. Am wichtigsten ist, dass Sie sich mit der Vorstellung gut fühlen.

Nehmen Sie sich nun 1 bis 2 Minuten Zeit und denken Sie an Ihre Freunde, die Familie, den kommenden Tag – egal, was. Fühlen Sie die Dankbarkeit tief in Ihrem Herzen und ziehen Sie dabei die Mundwinkel zu einem Lächeln nach oben.

Zum Ende der Meditation sprechen Sie 2 bis 3 positive Affirmationen. Das können zum Beispiel sein:

- **„Ich bin selbstbestimmt und frei."**
- **„Ich erfülle mir meine Träume und Wünsche."**
- **„Ich lebe die beste Version meines Selbst."**

Dieser Dialog mit sich selbst programmiert Ihre Innere Stimme darauf, Ihnen häufiger diese schönen Sätze mitzuteilen.

Sie können Ihre Affirmationen ganz darauf abstimmen, was Sie in diesem Moment brauchen. Die Affirmationen dürfen von Tag zu Tag variieren.

Kommen Sie nun aus der Meditation zurück und strecken Sie sich ausgiebig. Wenn Sie mögen, können Sie der Meditation auch eine kleine Yoga-Routine anschließen, die Ihrem Körper die Kraft schenkt, die Ihr Geist durch die Meditation erhalten hat.

Achtsamkeit und ayurvedische Entschlackung

Versuchen Sie, alle Schritte, die Sie morgens machen, achtsam zu vollziehen: das Zähneputzen und Kleiderwechseln, das Bettmachen und das Lüften. Eine empfehlenswerte Art, Körper, Seele und Geist achtsam zu wecken, ist ein Glas heißes Wasser mit Zitrone. Dieses ayurvedische Wundermittel wird schon seit Jahrtausenden in Indien genutzt, um den Körper zu entschlacken. Am allerbesten ist es sogar, wenn Sie das Glas unmittelbar nach dem Aufstehen trinken. Zu diesem Zeitpunkt ist der Körper nämlich noch nicht für die Nahrungsaufnahme bereit und noch in der Entgiftungsphase. Das heiße Wasser kurbelt den Stoffwechsel an und lässt Sie frisch entschlackt in den Tag starten.

Spaziergang

Nun, da Sie Einklang mit sich selbst gefunden haben, gilt es, sich auch mit der Natur in Verbindung zu setzen. Wenn Sie Zeit haben, nutzen Sie sie für einen kleinen 15-minütigen Spaziergang. Seien Sie dabei aufmerksam für Ihre Umgebung und sehen Sie sich genau an, was Sie heute entdecken. Wie hören sich die Vögel an, wie riecht die Luft? Nehmen Sie sich von diesem Spaziergang ein kleines Souvenir mit – etwa einen Stein, eine kleine Feder oder ein heruntergefallenes Blatt. Sie können das Souvenir beim nächsten Mal wieder zurückgeben oder auf dem Weg an einen anderen Ort legen. Kehren Sie nun zurück und schreiben Sie in Ihr Notizbuch, worauf Sie sich heute besonders freuen. Jetzt haben Sie Körper, Geist und Seele auf einen wundervollen Tag vorbereitet.

SONNENTANZZEREMONIE

Dieser zeremonielle Tanz stammt von den indigenen Stämmen in den USA. Besonders die Stämme der Great Plains nutzten Sonnentanzzeremonien, um der Mutter Erde zu danken. Diese Form der Selbstaufopferung wird zur Sommersonnenwende begonnen und dauert vier bis acht Tage.

Für dieses Ritual „opfern" sich die Teilnehmer symbolisch für die Gemeinschaft. Dazu fasten sie vier bis acht Tage. In dieser Zeit singen, beten und trommeln sie, während Sie um einen Baumstamm tanzen. Der Baumstamm wird mit einem Büffelschädel versehen, der mit Salbei gefüllt wird und zum Sonnenuntergang hin ausgerichtet steht.

Büffel haben im Stamm der Blackfoot einen besonderen Stellenwert, da sie das wichtigste Jagdtier dieses Stammes sind. Durch die Verehrung des Büffels findet eine Versöhnung zwischen Jäger und Jagdtier statt. Im übertragenen Sinne versöhnen sich die Stammesmitglieder also auch mit dem gesamten Universum. Dazu gehören alle Menschen, die Natur, die Sonne, die Tiere und die Erde. Durch die Sonnentanzzeremonie wird die Welt symbolisch erneuert und Harmonie wird wieder hergestellt.

Ihren eigenen kleinen Sonnentanz können Sie durchführen, um den Wechsel der Jahreszeiten zu feiern. An einem besonders schönen Abend suchen Sie sich ein friedliches Plätzchen im Wald. Lassen Sie sich nun ganz treiben und lauschen Sie der Musik des Waldes, während Sie sich bewegen. Sie können sich auch eine kleine Trommel mitnehmen und einen Rhythmus schlagen. Die Sonnentanzzeremonie bringt Sie der Erde näher und stärkt Ihr Vertrauen in den Wandel der Zeiten.

IM AUGE DES FEUERS: TRANSFORMATION UND LOSLASSEN

Feuer-Zeremonien können zwischen verschiedenen indigenen Stämmen unterschiedlich aussehen. Als wärmendes Element wird dem Feuer die schnellste Heilungsfähigkeit zugesprochen. Außerdem soll es die Kraft der Transformation symbolisieren und so Veränderung bewirken. Feuer-Zeremonien werden bei Neu- oder Vollmond durchgeführt. Diese beiden Zeitpunkte haben besonders energetisch hohe Potentiale und sorgen für die Nähe zwischen Alltag und Geistern.

Für die Feuer-Zeremonie schreiben Sie Ihre größten Wünsche und Träume auf ein Blatt. Lassen Sie sich dabei Zeit und denken Sie über die Dinge nach, die Ihnen im Leben wichtig sind.

Stellen Sie eine Feuerschale vor sich hin und füllen Sie sie mit brennbarem Material, zum Beispiel ein wenig Holz oder Stroh. Wenn Sie einen Kamin besitzen, kann die Feuerzeremonie auch über einem offenen Kaminfeuer abgehalten werden. Entzünden Sie nun ein kleines Feuer. Übergeben Sie die Wünsche dem Feuer, indem Sie sie verbrennen. Dabei werden die Wünsche nicht zerstört, sondern in die diesseitige Welt geholt, indem sie über den Rauch und das Feuer in die Welt hinausgetragen werden.

KAKAO-ZEREMONIE: HARMONIE UND KLARHEIT

In der mesoamerikanischen Olmec-Kultur wurden Kakao-Zeremonien zur Verehrung der Göttin Cacao abgehalten. Maya und Inka übernahmen diese Rituale und perfektionierten sie. Heutzutage werden Kakao-Zeremonien auf der ganzen Welt abgehalten. Die Kakao-Zeremonie bringt Sie näher in Kontakt mit sich selbst und Ihrem eigenen Lebensweg. Sie kann von schwierigen Gefühlen befreien und die Intuition stärken. Außerdem hilft diese Zeremonie dabei, innere Blockaden zu lösen und so mehr Freiraum für Kreativität und Schöpferkraft zu schaffen. Zudem unterstützt die Kakao-Zeremonie Sie dabei, sich auf die Lösung eines Themas zu fokussieren.

Suchen Sie sich zur Abhaltung der Kakao-Zeremonie einen ansprechenden Ort, an welchem Sie die Zeremonie abhalten möchten. Gestalten Sie diesen Raum, indem Sie Räucherstäbchen oder -kräuter aufstellen. Beginnen Sie die Zeremonie, indem Sie den Raum ausräuchern und so von negativen Energien befreien.

Für die Zubereitung des Kakaos nehmen Sie ca. 40 g Rohkakao, am besten aus fairem Handel. Setzen Sie 250 ml Hafermilch oder eine andere Milch Ihrer Wahl auf den Herd und lassen Sie sie bei niedriger Hitze erwärmen. Fügen Sie unterdessen das Kakaopulver hinzu und rühren Sie es langsam ein. Sie dürfen Ihren Kakao auch gerne mit Gewürzen verfeinern. Dazu eignen sich Kokosblütenzucker, Zimt, Vanille, aber auch Chili. Dieser Kakao steht symbolisch für das „Getränk der Götter". Warten Sie, bis Ihr fertiger Kakao etwas abgekühlt ist, und setzen Sie sich in eine bequeme Position. Trinken Sie nun langsam und achtsam Ihren Kakao. Spüren Sie dabei, wie sich der Kakao in all Ihren Sinnen entfaltet: der feine Geruch in Ihrer Nase, die verschiedenen Geschmacksnuancen auf Ihrer Zunge und die goldene Bräune des Getränks. Schließen Sie jetzt die Augen und lassen Sie sich ganz auf den Geschmack Ihres Getränkes ein. Reisen Sie in Ihre Vergangenheit und visualisieren Sie Probleme und Disharmonien, die Sie in dieser erlebt haben. Denken Sie darüber nach, wie Sie diese damals gelöst haben. Stellen Sie sich nun vor, wie Sie diese Lösungswege auf Ihre jetzige Situation anwenden und welche Möglichkeiten Sie haben, an den neuen Herausforderungen zu wachsen.

Kommen Sie in das Hier und Jetzt zurück, sobald Sie das Gefühl haben, die Kakao-Zeremonie zu beenden. Trinken Sie Ihren Kakao bis zum Ende achtsam und bedanken Sie sich bei den Geistern und dem Kakao, dass Ihnen geholfen wurde.

AM ABEND: DEN TAG ABSTREIFEN

Mit diesem angenehmen Abendritual streifen Sie die Erlebnisse dieses Tages ab und tanken frische Energie für den neuen.

Besonders wenn Sie in einem anstrengenden Job arbeiten, ist es wichtig, sich am Abend ein wohlwollendes Umfeld zu schaffen. Beginnen Sie daher mit einer kleinen Self-Care-Routine. Dazu lassen Sie sich ein Bad ein oder kuscheln sich in eine gemütliche Decke. Sie können auch Ihre Füße mit Öl massieren oder eine Wärmflasche machen. Hauptsache ist, Ihnen ist warm und Sie fühlen sich wohl. Nehmen Sie sich etwas Zeit für sich selbst und entspannen Sie.

Erst wenn Sie das Gefühl haben, Ihrem Körper ausreichend Ruhe geschenkt zu haben, nehmen Sie Ihr Notizbuch zur Hand. Schreiben Sie auf, was Ihnen Schönes an diesem Tag widerfahren ist. Das dürfen auch kleine Dinge sein, wie ein süßes Tier gesehen zu haben oder das Lächeln eines Kollegen im Fahrstuhl. Sollten Sie kein Freund von der Verschriftlichung sein, nehmen Sie sich einfach einen Moment Zeit, um zumindest bewusst darüber nachzudenken.

Beenden Sie den Abend, indem Sie sich ein warmes Getränk machen und in den Sternenhimmel schauen. Welche Sterne sind zu sehen? Welche Tiere wandern draußen herum? Wie fühlt sich Ihr Leben mit all dem neu gewonnenen Wissen für Sie an?

Machen Sie sich bewusst, dass es ein unglaubliches Glück ist, dass Sie und wir alle Teil von diesem großartigen Kosmos sind – in einer unendlich weiten Galaxie mit unvorstellbaren Möglichkeiten!

Zum Abschluss

Sie verfügen nach dem Studieren dieses Ratgebers über alles, was Sie benötigen, um Ihren eigenen schamanischen Weg zu gehen. Nun liegt es an Ihnen, wohin Sie dieser Weg führen wird.

Schamanismus ist eine Weltsicht, die alle Dinge einbezieht, die sind und die sein können. Über Jahrtausende hinweg haben sich auf der ganzen Welt schamanische Rituale und Zeremonien weiterentwickelt. Von diesem geballten Wissen profitieren jetzt auch Sie. Sie haben gelernt, was einen Schamanen ausmacht, wie Sie achtsam durch die Welt schreiten und wie Sie die Magie unserer Erde spüren können. Sie kennen nun die schamanischen Reisen, den Umgang mit Krafttieren und wissen, wie Sie in Kontakt mit anderen Welten treten. Dennoch liegt noch viel vor Ihnen – denn die Reise eines Schamanen ist nie wirklich beendet. Sie können immer noch etwas Neues lernen, spannenden Menschen begegnen und auch etwas Neues über sich selbst erfahren. Gerade das ist das Besondere am Schamanismus und an diesem Leben.

Sie haben die Möglichkeit, aus eigener Kraft den Lauf Ihres Lebens zu ändern und mehr Harmonie und Einklang mit sich und der Welt zu erlangen. Sie sind von Wundern umgeben und ein kleines Wunder in sich selbst. Wagen Sie den nächsten Schritt in das Abenteuer Ihres Lebens.

Quellenverzeichnis und weiterführende Literatur

- Beyer, Christian Rätsch (2001). Enzyklopädie der psychoaktiven Pflanzen: Botanik, Ethnopharmakologie und Anwendungen. AT Verlag.
- Buhner, Stephen Harrod (2014). Pflanzenschamanismus: Die heilenden Energien der Natur erfahren und nutzen. Ansata Verlag.
- Devi, Isabella (2023). Grüne Magie für Einsteiger - Das Praxisbuch: Wie Sie die unermessliche Kraft der Natur in sich erwecken und für sich nutzen | inkl. Krafttiere Spiritfinder, Hexen Ritualen, Blütenessenzen u.v.m. Edition Lunerion.
- Metzner, Ralph (2015). Pflanzen der Götter: Die magischen Kräfte der psychoaktiven Pflanzen. AT Verlag.
- Wolf-Dieter Storl (2009). Pflanzen der Kelten: Heilkunde, Pflanzenzauber, Baumkalender. AT Verlag.